CO-Pipeline

CO-Pipeline
Als in NRW das Wohl der Allgemeinheit abgeschafft wurde

Konrad Wilms

Hrsg. Erich Hennen

**Bibliografische Information der Deutschen Nationalbi-
bliothek**
Die Deutsche Nationalbibliothek verzeichnet diese Publikation
in der Deutschen Nationalbibliografie; detaillierte bibliografische
Daten sind im Internet über http://dnb.d-nb.de abrufbar.

Herausgeber: Erich Hennen, Bürgerinitiative Contra-Pipeline
Duisburg-Süd
Herstellung und Verlag: Books on Demand GmbH, Norderstedt
ISBN: 9783837092134

Inhaltsverzeichnis

0 Vorwort

Sobald der Begriff "Bürgerinitiative" auftaucht, werden selbst gewiefte Politiker unruhig und gehen in Deckung. Hartgesottene Konzernbosse wittern Unheil und ziehen sich in den Schutz ihrer Konzernzentralen zurück.

Denn beide Spezies sehen vor ihrem geistigen Auge vermummte Horden steineschmeißender Chaoten, die ihnen böses wollen. Leider führt das dann auch noch zu einer Potenzierung des Unrechts, indem sich diese beiden Spezies verbünden.

Anstatt die Zeichen der Zeit richtig zu deuten und eine Bürgerinitiative als das zu sehen, was schon der Name sagt: Da sind Bürger unseres Landes, die aus offensichtlich berechtigten Gründen initiativ werden.

Und das dies erfahrungsgemäß immer dann der Fall ist, wenn die besagten Spezies versagt haben, Fehler machen oder sogar Unrecht im Schilde führen. Dies sollten sie aus den Lehren der Vergangenheit noch, wenn auch tief vergraben, in ihren Gehirnen gespeichert haben.

Aber offensichtlich haben die höher bezahlten Bedenkenträger in den Chefetagen der Multis und die von den Bürgern gewählten Erfüllungsgehilfen einen ausgeprägten 8. Sinn zur Verdrängung solcher Ereignisse.

Und dann, im Vorfeld und zu Beginn so eines schändlichen Vorhabens einer Giftgasleitung durch Wohngebiete, zerschlagen sie auch noch pausenlos Porzellan. Porzellan zerschlagen macht aber Lärm. Und Lärm wiederum weckt friedlich ruhende Bürger und sie werden aktiv.

Da Politiker im Allgemeinen dem gemeinen Volk näher stehen, zeigten zumindest einige doch Interesse und Verständnis für die Sorgen der Bürger, vor allem in den Kommunen, denn dort sind sie ja auch noch bürgernäher. Bei dem Rest der Politiker stießen wir an Grenzen der Aufnahmebereitschaft. Oder konkreter: Sie wollten, konnten oder durften nicht. Von den Konzernbossen und ihren Wasserträgern haben wir erst gar nichts erwartet. Die sind durch ein Dollarzeichen im rechten und ein Eurozeichen im linken blind, und renditeorientiert nicht zugänglich.

Genau dies erwartete uns dann auch bei Beginn unserer Tätigkeit als Bürgerinitiative.

Unsere Bürgerinitiative besteht aus ca. 250 fest eingeschriebenen Mitgliedern (gespickt mit Experten aller Disziplinen) die sich seit fast zwei Jahren wöchentlich treffen und zusammenarbeiten. Zusätzlich haben sich ca. 30.000 Bürger im Duisburger Süden per Unterschrift gegen die CO-Pipeline ausgesprochen. Insgesamt 100.000 sind es längs der CO-Pipeline.

Mit fachlich fundamentierten Eingaben und in vielen Gesprächen mussten wir allerdings verärgert feststellen, dass all unsere Argumente und Vorschläge nicht zur Kenntnis genommen wurden.

Dabei ist unser Hauptanliegen doch so leicht verständlich: Wir wollen keine dem Renditewahn eines Großunternehmens dienende Giftgasleitung nah an unseren Wohnungen, unter Spielplätzen und in unmittelbarer Nähe von Kindergärten und Schulen.

Wir wollen in Frieden und Sicherheit in diesem Land leben und unseren Kindern dies auch garantieren.

Ach so, da gibt es noch eine Behörde, die uns unbedingt mit der CO-Pipeline zwangsbeglücken will. Nicht zugehörig zu Konzernen oder Politik . Eher so eine Art Zwitter im Traumland des Unwissens, des Nichthandelns und des

Versagens angesiedelt: Eine sogenannte Bezirksregierung, die aus der Ferne staunend den Fortschritt ihres Projektes beäugt.

Dabei kann man ihr einen gewissen an Zynismus grenzenden Humor nicht absprechen: Wie sagte doch ihr Häuptling, Reg.-Präsident Büssow treffsicher in einer Monitorsendung am 5.10.2007: "Es ist natürlich gefährlich wenn das Gas ausströmt, Sie stehen daneben, dann fallen Sie natürlich auch um und sind auch tot."...

Da hätte er durchaus seinen Beitrag mit "Helau" beenden können. Die Ohnmächtigkeit oder Nachlässigkeit dieser Behörde die unter anderem auch für die Bauaufsicht verantwortlich war, ist für dieses gefährliche Projekt nicht akzeptabel: Eigenmächtige Trassenänderungen, Verlegen einer falschen Schutzmatte sowie an bekannten kritischen Stellen zu dünnwandige Rohre zu verlegen usw. usw., spricht nicht für eine pflichtbewusste Bauaufsicht dieser Behörde und nicht für die Sicherheit der CO-Pipeline.

Und aus all diesen Gründen halten wir es für erforderlich mit diesem Büchlein an die Öffentlichkeit zu gehen. Der Autor, ein Mitglied unserer Bürgerinitiative, beweist mit dieser Expertise, dass das Allgemeinwohl für diese CO-Pipeline nicht herstellbar ist. Lediglich rein betriebswirtschaftliche Begründungen und Fehleinschätzungen eines von der Bezirkregierung beauftragten Gutachters sind erkennbar.

Und noch einmal zur Klarstellung: Wir Bürger von Duisburg bis Monheim sind keine Bayer-Feinde, nicht grundsätzlich Pipeline-Gegner und erst recht keine Innovationsbremser.

Wir möchten in Frieden mit der Industrie leben, brav unsere Steuern zahlen und uns mit dem Land und unserem Staat verbunden fühlen.

Niemals aber werden wir akzeptieren, dass die Zeitbombe einer CO-Giftgasleitung uns Lebensfreude und Frieden für alle Zukunft nimmt.

Erich Hennen
Herausgeber und Sprecher der Bürgerinitiative Contra-Pipeline

1 Für Dumm verkauft und keiner hat etwas gemerkt

Am 15.12.2005 begann in Nordrhein-Westfalen eine neue Zeitrechnung: die CDU/ FDP Landesregierung unter Ministerpräsident Jürgen Rüttgers bringt das "Gesetz über die Errichtung und den Betrieb einer Rohrleitungsanlage zwischen Dormagen und Krefeld-Uerdingen" (RohrlG) einstimmig, ohne Aussprache, durch das Landesparlament in Düsseldorf.

14 Monate später liefert die für die weitere Ausführung des RohrlG zuständige Bezirksregierung Düsseldorf einen Planfeststellungsbeschluss (14.02.2007), der die "Rohrfernleitungsanlage zum Transport von gasförmigem Kohlenmonoxid" (CO-Pipeline) der Firma Bayer MaterialScience (BMS) planfeststellt:

Zwischen den BMS Standorten Dormagen und Krefeld-Uerdingen, beide linksrheinisch, soll eine 67 km lange CO-Pipeline rechtsrheinisch errichtet und betrieben werden.

Das Außerordentliche dieses Projektes erschließt sich nicht unbedingt sofort und es ist sicher nicht die Dummheit der Leute oder der Abgeordneten, die hier gewollt oder ungewollt, aktiv oder passiv doch letztlich unbemerkt Zeugen eines Paradigmenwechsel im Wertgefüge unserer Demokratie wurden. Es ist die Perfidie des Projektes die viele überrumpelte, da es einfach unsere Vorstellungskraft übertraf. In

NRW ist nichts Geringeres geschehen, als dass sich hier erstmalig ein ganzes Parlament einstimmig vom "Wohl der Allgemeinheit" verabschiedet hat, um sich fortan dem "Wohl der Shareholder", zu verpflichten. Bis heute haben nur die Abgeordneten der Grünen und einige wenige Abgeordnete der CDU öffentlich eingeräumt seinerzeit die Tragweite nicht erkannt zu haben.

Durch die in der Zwischenzeit fast fertig gestellte CO-Pipeline soll zukünftig das giftige Gas Kohlenmonoxid strömen, das geruchlos, farblos, unbemerkbar, bereits in kleinsten Mengen eingeatmet zum Tode führt. Eine solche Zumutung hat es in der zivilisierten Welt wohl selten gegeben.

Es geht hier nicht etwa darum zwei am Rhein gegenüberliegende Werksstandorte von Bayer/ BMS mit einer Produktepipeline zu verbinden, sondern hier wird eine Monstrosität durch niederrheinische Siedlungsgebiete verlegt, in deren Trassenverlauf die Kommunen sich mittels Sirenenanlagen und Notfallplänen mit speziell geschulten Feuerwehren und medizinischen Spezialabteilungen auf eine jederzeit mögliche Havarie vorbereiten sollen.

Doch inzwischen haben zumindest die im unmittelbaren Umfeld der Pipeline-Trasse siedelnden BürgerInnen erkannt, was ihnen da zugemutet werden soll. Entsprechend formiert sich der zivile Widerstand in Bürgerinitiativen und die Frage steht im Raum, und in der Zwischenzeit auch vor Gericht, inwieweit diese CO-Pipeline dem Wohl der Allgemeinheit, wie im RohrlG formuliert, dienen kann oder soll.

Das Oberverwaltungsgericht Münster zwang schließlich die Regierung das Allgemeinwohl einer solchen Anlage zu belegen. Mangelnde Sicherheitsaspekte und die Frage nach der Trassenwahl — rechts- oder linksrheinisch sollten ebenfalls überprüft und begründet werden. Für die Hauptsache, nämlich das Allgemeinwohl, beauftragte die Bezirksregierung auf Kosten der Steuerzahler den Wirtschaftswissenschaftler Professor Dr. Helmut Karl ein Gutachten zu erstellen, indem das im RohrlG behauptete "Wohl der Allgemeintheit" einer solchen Anlage wissenschaftlich zu untersuchen sei.

Das Ergebnis dieser Untersuchung wurde dem Volk per Planergänzungsbeschluss vom 15. Oktober 2008 präsentiert.

Die Bezirksregierung wollte wohl diesmal alles richtig machen und packte in diesen Planergänzungsbeschluss gleich noch diverse andere Gutachten mit hinein, alles mit dem offensichtlichen Ziel, wenigstens im Nachhinein zu dokumentieren, intuitiv alles richtig gemacht zu haben.

Daher werden wir in dieser kleinen Informationsschrift auch einen kurzen Blick auf einige dieser Nebenschauplätze werfen, wobei wir nicht vergessen dürfen, dass sie uns leider zu oft auch die Sicht auf die eine zentrale Fragestellung vernebeln können:

Kann eine CO-Pipeline von Dormagen nach Krefeld-Uerdingen dem Allgemeinwohl dienen?

So steht letztlich vor allem das von Professor Dr. Helmut Karl für die Bezirksregierung Düsseldorf ausgearbeitete "Gutachten zur betriebs- und volkswirtschaftlichen Bedeutung einer Kohlenmonoxid-Rohrfernleitung zwischen Dormagen und Krefeld-Uerdingen" hier auf dem Prüfstand der Geschichte.

Doch zunächst wollen wir einige moralisch, philosophisch, verfassungsrechtliche Fragen aufwerfen, um die Qualität eines solchen - sagen wir wie es ist - "Vertrauensbruchs" an unserer Wertegemeinschaft im Allgemeinen und an der unmittelbar betroffenen Bevölkerung im Speziellen zu würdigen. Es geht um die Grenzen der Zumutbarkeit einer Shareholder-Value-Ideologie, wie sie bereits unser Ministerpräsident in einer "Streitschrift" beklagt (Jürgen Rüttgers, Die Marktwirtschaft muss sozial bleiben).

2 Grenzen der Zumutbarkeit

Macht es eigentlich einen Unterschied - wenn man einmal über Pipelines nachdenkt - welche Stoffe durch sie transportiert werden?

Ist es tatsächlich ohne Bedeutung, ob das zu transportierende Produkt Rohöl, Erdgas, Sauerstoff, Wasserstoff oder wie in unserem Falle ein giftiges hochtoxisches, nicht wahrnehmbares Gas ist, nämlich Kohlenmonoxid (CO)? Ein giftiges Gas, dass schon in geringen Konzentrationen nach wenigen Atemzügen tödlich ist.

Ist es tatsächlich ohne Bedeutung ob z.B. im Falle einer Havarie, die Umwelt "nur" durch Rohöl verseucht wird, eine heiße Erdgaspipelineexplosion schlimmstenfalls "nur" ein paar Menschenleben fordert, da ein Wohnhaus in der Nähe durch die Wucht der Explosion weggefegt wird, oder ob von der Pipeline eine Gefahr ausgeht, eine permanente tödliche Bedrohung, die völlig unbemerkt vielleicht tausenden von Menschen im Umkreis einer Leckage Gesundheit und Leben kosten kann?

Eine tödliche Gefahr selbst für herangeführte Rettungskräfte, die trotz diverser Warnsysteme in jedem Fall nur zu spät kommen können? Ist das der Bevölkerung in NRW zumutbar? Wollen unsere gewählten Vertreter im Düsseldorfer Landtag, will unsere Landesregierung unter der Leitung eines Christlich Demokratischen Ministerpräsident Rüttgers das verantworten? Wollen Sie uns diesem Risiko aussetzen?

Ist es nicht pervers ein Transportsystem derart zu missbrauchen, dass dessen Betrieb einen speziellen Katastrophenschutzplan erforderlich macht, die betroffenen Gemeinden wie im Krieg Sirenen aufstellen müssen und die Feuerwehren und Krankenhäuser sich mit Spezialeinrichtungen wie Sauerstoff-Überdruckkammern auf einen möglichen Katastrophenfall einzurichten haben?

Entschuldigen Sie den Sarkasmus: anstatt mit Gefahrstoffen wie CO ausschließlich innerhalb des gesicherten Werksgeländes zu hantieren, wird lieber die gute alte Sirene aus der Mottenkiste gezogen? Ist wohl auch besser so, denn die Bezirksregierung ist hier sicher bereits einschlägig bewandert. Da muss es doch noch Pläne geben...

Früher gab es wenigstens noch passende Schutzräume dazu. Doch dazu konnte man sich in der Landesregierung bisher offensichtlich noch nicht durchringen.

Und noch ein Unterschied: damals kamen die Bomberstaffeln der Feinde aus England, heute droht der Tod aus dem schönen "Chemiepark" nebenan mit seiner hoch modernen CO-Pipeline direkt vor unserer Haustür.

Demnächst also in NRW wie gehabt: alle vier Wochen Mittwochs um 10 Uhr - Probealarm!

Und bei Bruch der CO-Pipeline erklingt dann die schöne neue Sirenenmelodie "Spiel mir das Lied vom Tod".

Eine der größten und einflussreichsten Kunststoff produzierenden Unternehmen der Welt, die Bayer MaterialScience AG (BMS) fordert nichts anderes für sich und seine Eigentümer ein, nur um eine zusätzliche Investitionssumme von 30 Mio. EUR für einen Steam-Reformer in Krefeld-Uerdingen einzusparen, an seinem weltweit größten und wichtigsten Polycarbonate Standort?

Man hat als Bürger nicht die Worte, um zu beschreiben, was hier veranstaltet wird: BMS fordert für sich System-

redundanz, soll heißen, auch bei einem Ausfall einer CO
Produktion muss genügend CO Kapazität zur Verfügung
stehen, um unterbrechungsfrei weiter Kunststoff zu produzieren. Eine Redundanz, die man für die CO-Pipeline
vergeblich sucht. So ist nur für eins gesorgt: während wir
am CO ersticken, geht die Kunststoffproduktion unterbrechungsfrei weiter.

Wir Bürger NRWs, die wir unseren Kopf hinhalten sollen,
um einem allgemein grassierenden Renditewahn zu huldi-
gen, einer "Shareholder-Value-Ideologie", die es einem privaten Unternehmen ermöglicht Renditen jenseits von 20%
einzufahren, werden das nicht hinnehmen. Eine Akzeptanz
für dieses menschverachtende Projekt wird es niemals bei
der Bevölkerung geben.

Wir werden mit diesem Gegengutachten zum Planergänzungsbeschluss schlüssig aufzeigen, dass die CO-Pipeline
nicht dem Wohle der Allgemeinheit dient, im Gegenteil: eine CO-Pipeline außerhalb eines Werksgeländes kann letztlich nie als sicher klassifiziert werden. Oder etwas philoso-
phischer: selbst wenn sie es wäre, überstiege das unseren
menschlichen Erfahrungshorizont.

Um den Grad der Wertevergessenheit (vgl. Jürgen Rüttgers, Die Marktwirtschaft muss sozial bleiben) - oder ist es
schon moralische Verkommenheit - unserer Wirtschaftseliten etwas besser einzuordnen, gehen wir zunächst einigen
moralischen, philosophischen und verfassungsmäßigen Fra-
gestellungen nach, die sich angesichts des systemimmanen-
ten Gefahrenpotentials einer Kohlenmonoxidverfrachtung
in Pipelines den betroffenen Bürgern aufdrängen.

2.1 Der 11. September und die CO-Pipeline

Hätte jemand vor dem 11. September 2001 gefordert, verriegelbare Cockpittüren in Flugzeuge einzubauen, damit Terroristen nicht die Steuerung übernehmen können, um anschließend die vollbesetzten Maschinen in die Twin Towers, oder ins Pentagon zu stürzen, die Fluggesellschaften hätten sich wohl an den Kopf getippt und, wahrscheinlich auch mit Hinweis auf ihre Kostenrechnungen, über solchen "Unsinn" gelacht.

Diese CO-Pipeline erfüllt alle Vorraussetzungen eines 11. September Plots, sogar ohne Terroristen: da eine CO-Pipeline kein harmloses Erdöl transportieren soll, sondern wenn es denn unkontrolliert freikäme, auch schnell die Dynamik einer Massenvernichtungswaffe generieren könnte, gehört eine CO-Pipeline nicht in die Landschaft gelegt, wo allein im direkten Umfeld der Pipelinetrasse 180.000 Menschen leben.

Ob der Gau letztlich durch einen Bagger ausgelöst wird, oder durch Terroristen, oder wie auch immer, ist für die Betroffenen letztlich uninteressant.

Aber hat eigentlich schon mal einer bei Bayer, BMS oder in der Landesregierung darüber nachgedacht, was ein solcher Plot für Konsequenzen am Chemiestandort NRW entwickeln könnte?

2.2 CO-Pipeline: Risiko für den Chemie Standort NRW

Das eine Kohlenmonoxid-Pipeline nicht nur ein Risiko für die Bürger darstellt, durch deren Wohnquartiere eine solche

Pipeline verläuft, wird bisher ganz offensichtlich überhaupt nicht gesehen: BMS wäre nach einer jederzeit möglichen Havarie Geschichte, und ob sich die Kunststoffproduktion in NRW von einer solchen Katastrophe je wieder erholen könnte, oder ob die BürgerInnen sie zum Teufel jagen würde, ist völlig offen. Wir werden diesen Punkt später auch in der volkswirtschaftlichen Analyse noch einmal aufgreifen.

Innerhalb des Werkzaunes gilt die "Störfallverordnung", ein strenges Regelwerk das Sicherheitsvorkehrungen vorschreibt, um Unfälle von vornherein zu vermeiden oder deren negative Auswirkungen auf die Gesundheit der Mitarbeiter zu minimieren.

Innerhalb des Werkzaunes werden die MitarbeiterInnen jährlich geschult und arbeitsmedizinisch untersucht, um ihr individuelles Risiko zu minimieren. Innerhalb des Werkzaunes stehen den MitarbeiterInnen Schutzgeräte zur Verfügung.

Hier zahlt der Konzern eine nicht unerhebliche Risikoprämie in Gestalt von zahllosen Warngeräten, guter Aus- und Weiterbildung, finanziellen Risikozuschlägen und Weiterentwicklungen Jahrzehnte alten Know-hows im Risikomanagement, in enger Zusammenarbeit mit den betroffenen MitarbeiterInnen und den involvierten Gewerkschaften vor Ort. Alles mit dem Ziel, das individuelle Risiko auf ein Niveau herunter zu bekommen, auf dem man genügend hoch qualifizierte MitarbeiterInnen für den reibungslosen Betrieb angeheuert bekommt. Nicht von ungefähr werden Unfallstatistiken heute gerne zur eigenen Imagepflege publiziert, auch von Bayer und BMS.

Doch was ist, wenn das Risiko in Gestalt einer CO-Pipeline das Werksgelände auf einer Länge von 67km verlässt? Hier gilt keine Störfallverordnung!

Ist es legitim das Massenvernichtungsrisiko einer CO-Pipeline außerhalb der Werksgelände einzugehen, mit möglicherweise dramatischen Folgen nicht nur für die werkschutzlose Bevölkerung?

Was ist das für eine Unternehmungsführung die das unkalkulierbare Risiko einer Haverie eingeht, in dessen Folge der eigenen Untergang riskiert wird?

Vor einer solchen "Dummheit" könnte man BMS leicht schützten, wenn sie denn für die Risikoprämien an die Anwohner in Trassennähe aufkommen müsste. Stattdessen wird das Risiko mit einem Wohl der Allgemeinheit verrechnet, das es allerdings nicht gibt, wie wir zeigen werden.

Ein Produkt wie CO per Pipeline 67 km längs durchs Rheinland zu schicken wäre bei den unter diesen Umständen fälligen "Risikoprämien" unwirtschaftlich, da die Transportkosten zu hoch wären.

2.3 Bürger im gekaperten Flugzeug

Faktisch macht uns BMS und das RohrlG zu Passagieren, die in einem von Terroristen gekaperten Flugzeug fliegen, und die Regierung schickt Eurofighter, um uns und die Maschine abzuschießen, damit noch schlimmeres - etwa Terroristen lenken Flugzeug in die Bayer Zentrale? - verhindert wird.

BMS bedroht das Gemeinwesen mit Abwanderung, Arbeitsplatzabbau und sonstigem "Liebesentzug" (man nennt das auch Kanonenbootpolitik, wir gehen darauf noch besonders ein) und die Politik gibt aus Angst um das Gemeinwesen 180.000 Bürger zum Abschuss frei. Immerhin, mit etwas Glück passiert ja nichts.

Einige wenige - WIR - müssen leider geopfert werden, damit die Kunststoffindustrie in NRW, für die Eigentümer der Firma BMS eine höhere Rendite erwirtschaften kann?

Das Bundesverfassungsgericht verwarf 2006 den § 14 Abs.

3 Luftsicherheitsgesetz (LuftSiG), der die Bundeswehr ermächtigte, Luftfahrzeuge, die als Tatwaffe gegen das Leben von Menschen eingesetzt werden sollen, abzuschießen, als mit dem Grundgesetz unvereinbar. Es handelt sich um einen Verstoß gegen die Menschenwürde und ist damit nichtig (Bundesverfassungsgericht, Pressemitteilung Nr. 11/2006 vom 15. Februar 2006, http://www.bundesverfassungsgericht.de/bverfg_cgi/pressemitteilungen/bvg06-011).

Wir, die von der CO-Pipeline der Firma BMS bedrohten BürgerInnen, sind in der gleichen Position wie die Passagiere in einem Flugzeug, in dem die Terroristen schon Platz genommen haben. Oder?

Nein, wir sind sogar schon einen Schritt weiter, zum Abschuss freigegeben!

Zum Wohle der Allgemeinheit? NRWs? Deutschlands? Damit die "Bewohner der Hochhäuser" in der BMS Zentrale unbehelligt bleiben? Damit sie weiter noch billiger CO und Chlor in Phosgen wandeln? Damit am Ende mindestens 25% Rendite für die Bayer Aktionäre herauskommt - pro Jahr? Damit man die Kunststoffproduktion für einen Investor attraktiver machen kann? Damit der BMS Standort NRW im imaginären Wettbewerb gegen BMS eigene Standorte in gerne auch diktatorisch geprägten Wirtschaften bessere Karten hat?

Aber was ist mit einer CO-Pipeline, die in dicht besiedelten Ballungsräumen betrieben wird? Verstößt das nicht etwa genau so gegen die Menschenwürde der betroffenen Anwohner wie im Falle unserer Flugzeugpassagiere?

Immerhin: wie im Falle des Flugzeugabschusses würde mit Sicherheit keiner in der gekaperten Maschine ungeschoren davon kommen. Also auch BMS nicht, nur hat das dort noch keiner gemerkt.

2.4 Russisches Roulette

Sind wir nicht in Wirklichkeit dabei unsere Demokratie der
Globalisierung zu opfern? Sind unsere Verfassungsgrund-
sätze lediglich verstellbare Variablen, abhängig von den
Wachstumsraten unseres Sozialproduktes oder den Anforderungen eines Bayer Konzerns an die Renditeerwartung
der Konzerntochter BMS? Erhöhen wir jetzt die kollekti-
ve Opferbereitschaft unseres Volkes, um mit den Chinesen
besser mithalten zu können? Etwas weniger Menschenrech-
te gegen verbesserte Renditen für private Investoren? Pro-
bieren geht über studieren, mal schauen was draus wird?

Jacques Cousteau, einer der großen Forscher des vergan-
genen Jahrhunderts hat in seinem intellektuellen Vermächt-
nis dieses Spiel mit dem öffentlichen Risiko entlarvt:

Die Politiker "führen uns nicht durch ernsthaft kalkulierte
Wagnisse, deren Gefahren vorher identifiziert und eliminiert
wurden. Stattdessen treiben sie uns vor sich her wie eine
Herde Schafe, hinein in eine Art Russisches Roulette. Sie
weisen uns an, den Abzug am Revolver der Technologie zu
betätigen, ohne uns zu sagen, ob die Waffe geladen ist. Das
ist kein Führertum. Das ist keine Demokratie. Das ist die
Diktatur der Technokraten. Das ist die Diktatur des Marktes" (Jacques Cousteau, Susan Schiefelbein: "Der Mensch,
die Orchidee und der Oktopus", Campus Verlag 2008, S.
126).

2.5 Rüttgers
"Shareholder-Value-Ideologie"

Die Ursachen solcher politökonomischen Entgleisungen un-
tersuchte übrigens bereits unser Ministerpräsident Jürgen
Rüttgers in seinem Buch "Die Marktwirtschaft muss sozial

bleiben". Für ihn liegt das Problem in der oben angesprochenen "Shareholder-Value-Ideologie", die er in den Konzernetagen gerade auch der Deutschen Global Player am Werke sieht.

Damit trifft er im Falle des BMS CO-Pipelineprojektes jedenfalls voll ins Schwarze, wie die folgenden Analysen deutlich zeigen werden.

"Das Problem der Shareholder-Value-Ideologie ist ihre Wertevergessenheit. Ihr einziger Maßstab ist Geld. Ihr blinder Fleck ist, kein Gespür mehr für die Wichtigkeit von Werten zu haben." (Jürgen Rüttgers, Die Marktwirtschaft muss sozial bleiben, S. 46-47) Rüttgers nennt solche Auswüchse zu Recht "menschenverachtend" und "gefährlich" und fordert: "Entscheidend ist, dass wir unsere Gesellschaft auch menschlicher machen" (aao. S. 48).

Doch ausgerechnet unter Ministerpräsident Jürgen Rüttgers wurde jenes höchst umstrittene RohrlG durch den Düsseldorfer Landtag geschummelt - immerhin ohne Aussprache - das BMS den Bau der CO-Pipeline überhaupt erst ermöglicht.

Oder ist das alles schon genau jener neue "Rheinische Kapitalismus", den NRWs Ministerpräsident als erstrebenswertes Wirtschaftsideal der Shareholder-Value-Ideologie entgegenstellen möchte? Und liegt der Unterschied zum alten "Rheinischen Klüngel" dann darin, dass der sich niemals eine Giftgasleitung durchs dicht besiedelte Rheintal gelegt hätte?

Eine "Politik der CO-Pipeline" lockt jedenfalls keine gut ausgebildeten Eliten ins Land sondern zerstört den Zusammenhalt einer Wertegemeinschaft und verhindert so gemeinsam gestaltbare Zukunft. Und das bereits für den besten anzunehmenden Fall, dass nichts passiert.

3 Nebenschauplätze des Planergänzungsbe- schlusses

Wir wollen uns hier nicht mit DIN und ISO Normen beschäftigen, technischen Aspekten also, die Auskünfte über die Qualität und damit Sicherheit der Leitung machen sollen. Sie sind für die Beurteilung, ob die CO-Pipeline dem Allgemeinwohl dient, völlig ohne Bedeutung. Fakt ist, dass die Leitung havarieren kann. Ob durch Baggerzugriffe, Erdbeben oder Terroristen spielt dabei keine Rolle.

Ebenso wie statistische Wahrscheinlichkeiten nichts erklären. Der Truthahn lebt auch 1.000 Tage im Glauben, dass er jeden Tag von netten Menschen gefüttert wird. Doch dann kommt das Erntedankfest und es geschieht etwas aus seiner Sicht sehr unwahrscheinliches. (Nassim Nicholas Taleb, Der schwarze Schwan, S. 61).

Wir wollen nicht die Truthähne der Firma BMS sein!

Doch interessant ist es schon, wie die Bezirksregierung Düsseldorf ihren Planergänzungsbeschluss aufhübscht: mit einem sinnlosen Gutachten zur Umweltbilanz der CO-Pipeline, mit der Ankündigung eines sinnlosen öffentlich-rechtlichen Vertrages, der mit BMS abgeschlossen werden soll und mit der sinnlosen Dokumentation der vergeblichen Suche nach einer alternativen Pipeline Trasse, diesmal linksrheinisch bei den Römern.

3.1 Das CO_2 (Kohlendioxid) Märchen

"Die Reduzierung der CO_2-Emissionen erfolgt im Wesentlichen dadurch, dass das bisher am Standort Dormagen ungenutzt in die Atmosphäre emittierte CO_2 aus der Ammoniakanlage der Firma Ineos in den am Standort vorhandenen Steam-Reformern in CO umgewandelt, durch die Rohrfernleitungsanlage nach Krefeld-Uerdingen geleitet und dem Produktionsprozess der Kunststoffherstellung am Standort zugeführt werden kann" (Planergänzungsbeschluss, S. 27).

Die Bezirksregierung stützt sich im Planergänzungsbeschluss dabei auf ein von BMS selbst! in Auftrag gegebenes Spezialgutachten der Deutschen Projekt Union GmbH: "Umweltbilanz für die Errichtung und den Betrieb der CO-Pipeline von Dormagen nach Krefeld-Uerdingen".

Die errechnet auftragsgemäß eine CO_2 Reduktion von 14 Tausend Tonnen pro Jahr (Umweltbilanz für die Errichtung und den Betrieb der CO-Pipeline von Dormagen nach Krefeld-Uerdingen, Deutsche Projekt Union GmbH, S. 53).

Nur um uns mal eine bessere Vorstellung von dieser "Leistung" zu machen: stellt man diese 14 Tausend Tonnen einmal in Relation zum von Bayer am Standort Krefeld-Uerdingen geplanten Kohlekraftwerk mit einer jährlichen Emission von über 4 Millionen Tonnen CO_2, sind das gerade einmal 0,35 Prozent.

Das kann man dann gerne auch als statistisches Rauschen vergessen. Aber die Bezirksregierung sollte nicht versuchen aus der CO-Pipeline ein Klimaschutzprojekt zum "Wohle der Allgemeinheit" zu konstruieren. Wir nennen das Volksverdummung.

Und was geschieht am Ende mit dem Kunststoff? Wird er nicht einfach verbrannt?

Machen wir aus der Kunststoffproduktion also keine CO_2 Senke, die sie nicht ist, sonst wird sich die Kunststoffindustrie am Ende auch dafür noch bezahlen lassen, mit CO_2 Zertifikaten.

3.2 Öffentlich-rechtlicher Vertrag

Die Bezirksregierung Düsseldorf ergänzt den "Planfeststellungsbeschluss vom 14.02.2007" um die "Nebenbestimmung" 6.2.247.

Darin heißt es:

"Zur Absicherung eines den Gemeinwohlzwecken des § 2 RohrlG dienenden Bau und Betriebs der Rohrfernleitungsanlage hat sich die Vorhabensträgerin gegenüber dem Land Nordrhein-Westfahlen in einem öffentlich-rechtlichen Vertrag mindestens dazu zu verpflichten,

- die Kohlenmonoxid-Rohrfernleitung ... zu errichten sowie dauerhaft ... zu betreiben und in einem betriebssicheren Zustand zu erhalten ...

- ... die Kohlenmonoxidproduktion ... so zu gestalten, dass die Umweltbilanz ..., insbesondere durch die Reduktion von CO_2, verbessert wird und

- Dritten den diskriminierungsfreien Zugang zur Kohlenmonoxid-Rohrfernleitung ... zu gewähren" (Planergänzungsbeschluss, S. 13).

Nicht das nachher wieder keiner was gewusst haben will: in dem "Abkommen" steht nichts von 7.000 sicheren Arbeitsplätze in Krefeld-Uerdingen oder einer "Gesamtwirtschaftlichen Output-Wirkung" von 4,2 Mrd. EUR Wertschöpfung! Die gibt es nur, wie noch gezeigt wird, in der Phantasie des Gutachten-Prof. Dr. Karl.

Was bleibt, sind nichts sagende Plattitüden, die weder quantifizierbar noch überprüfbar sind. Oder wie sollte eine solche Kontrolle aussehen?

- BMS soll die CO-Pipeline nicht verkommen lassen,

- die CO_2 Bilanz verbessern und

- einen "diskriminierungsfreien Zugang" zum CO vertraglich zusichern.

Was soll das denn im Einzelnen heißen? Da kann ja noch nicht einmal eine Rechtsposition heraus abgeleitet werden, die irgendwie justitiabel wäre.

Genau genommen ist dieser öffentlich-rechtliche Vertrag also völlig sinnlos.

Oder? Wozu der "diskriminierungsfreie Zugang" zum CO, der von BMS vertraglich zugesichert werden soll?

Abwehrstrategie gegenüber evtl. Nachfragen der Bundesnetzagentur, des Bundeskartellamtes oder der Europäischen Union, wo man ja gerade mühsam versucht Leitungskartelle aller Art zu zerschlagen?

3.3 Trassenwahl

Die von der Bezirksregierung im Planergänzungsbeschluss geführte Pseudodiskussion alternativer Trassen ist schon verschärft, weil sie erst zu einem Zeitpunkt nachgeschoben wurde, da die rechtsrheinische CO-Pipeline nicht nur bereits planfestgestellt sondern fast fertig gebaut ist: sie dient also ausschließlich als nachträgliche Rechtfertigung der Bezirksregierung mit der rechtsrheinischen Trasse intuitiv die richtige Entscheidung getroffen zu haben.

Und relativiere hier keiner mehr die Gefahr: lesen Sie doch bitte im Planergänzungsbeschluss über die vergebliche

Suche einer linksrheinischen Trassenvariante: Krefeld-Süd/ Krefeld-Nord ... (Planergänzungsbeschluss, S. 48 ff).

Da wird versucht jedes Gehöft weiträumig zu umgehen... Anders als bei der "planfestgestellten" und fast fertig gebauten rechtsrheinischen "Variante". Kommen Sie z.B. einmal nach Duisburg-Huckingen/ -Ungelsheim:

Die CO-Pipeline kommt von Süden, quert die B288 ein erstes Mal, biegt zwischen Hotel Milser und Infineon nach Westen, kreuzt die B8, läuft in 50 Metern Entfernung an einer ersten Siedlung vorbei, dreht dann wieder in Richtung B288, läuft quer durch die Siedlung Ungelsheim, direkt an Schule und Kindergarten vorbei, quert wieder die B288 diesmal in Richtung Süden, folgt dann der B288 Richtung Krefeld-Uerdingen, um kurz vor der hier erforderlichen zweiten Rheinquerung die B288 ein drittes Mal zu queren.

Begründung hier: ein Wasserschutzgebiet der Klasse II müsse auf diese Art umgangen werden, da sonst eine kostspielige Verlegung der CO-Pipeline in einem Spezialkanal erforderlich geworden wäre. Wie soll man so eine Entscheidung einordnen? Etwa unter Gemeinwohl? Den Spezialkanal hätte natürlich Bayer bezahlen müssen... war es also doch die Rendite?

Wie am Beispiel Duisburg-Süd aufgezeigt, wird hier sogar einem verlängerten Trassenverlauf durch eine Siedlung statt der kurzen Querung eines unbesiedelten Wasserschutzgebietes der Vorzug gegeben. Soweit zur lockeren Interpretation der TRFL Ziffer 3.1, 3.1.1 "Meidung von Siedlungsgebieten" durch die Bezirksregierung Düsseldorf.

Dies und die 50 durch das Veenker-Gutachten identifizierten Gefahrenpunkte allein im genannten Duisburger Abschnitt von 17km sprechen eine deutliche Sprache über die vorherrschende technokratisch menschenverachtende Gesinnung in der Bezirksregierung Düsseldorf.

Da sich zwischenzeitlich herausstellte, das genau an diesen kritischen Stellen auch eigenmächtig von BMS dünnere Rohre eingesetzt wurden, schlägt das dem Fass den Boden aus. Aber die Bezirksregierung wird dies und weitere Fehler durch nachträgliche Sanktionierung schon ausbügeln.

4 Zum Gutachten des Gutachten-Prof. Dr. Karl

"Betriebs- und volkswirtschaftliche Kosten einer Kohlen-monoxid-Rohrfernleitung zwischen Dormagen und Krefeld-Uerdingen" lautet der Titel des Gutachtens, das Prof. Dr. Helmut Karl von der Ruhr-Universität Bochum im Auftrag der Bezirksregierung Düsseldorf anfertigte.

Die Ergebnisse der Untersuchung wurden als plausibel angesehen und in den "Planergänzungsbeschluss für die Errichtung und den Betrieb einer Rohrfernleitung zum Transport von gasförmigem Kohlenmonoxid von Köln-Worringen bis nach Krefeld-Uerdingen der Firma Bayer MaterialScience AG (BMS)" übernommen.

Von wo aus die CO-Pipeline letztlich gelegt wird, Köln-Worringen oder Dormagen, soll hier nicht weiter untersucht werden, wir vertrauen in diesem Punkt einfach mal der Bezirksregierung Düsseldorf, denn letztlich ist dieser Punkt von untergeordneter Bedeutung, zeigt allerdings wieder einmal eine gewisse Laxheit, mit der die Planungsbehörde bei diesem Projekt seit Beginn an am Werk ist.

Die Bezirksregierung Düsseldorf stellt in ihrem Planergänzungsbeschluss also fest:

"Die Vorgehensweise des Gutachters ist methodisch nachvollziehbar. Der Gutachter hat die für die Erstellung des Gutachtens erforderlichen Angaben der Vorhabensträgerin einer eingehenden und kritischen Prüfung unterzogen. Die Ergebnisse des Gutachtens sind insgesamt plausibel und widerspruchsfrei. Das Gutachten trifft objektive und nachvollziehbare Aussagen und kann daher der Beschlussfassung in diesem Verfahren zugrunde gelegt werden" (Planergänzungsbeschluss, Az.: 54.8 -BIS-, S. 17).

Am Gutachten des "Gutachten-Prof. Dr. Karl" (unter dieser Bezeichnung wird es auch im Planergänzungsbeschluss zitiert, was wir hier übernehmen) interessiert uns zunächst die "Qualität" des Gutachters, insbesondere seine Unabhängigkeit gegenüber der Chemischen Industrie also dem Bayer Konzern bzw. BMS. Es wird aufgezeigt, dass diese einen Lobbyismus pflegt, der nicht davor zurückschreckt auch große Kaliber aufzufahren, um die Politik in Angst und Schrecken zu versetzen, sollte sie es wagen den Interessen der Chemischen Industrie in die Quere kommen.

Der Vollständigkeit halber werfen wir auch einen Blick in die betriebswirtschaftliche Analyse, die Gutachten-Prof. Dr. Karl aufzeigt und hinterfragen einmal ihre Plausibilität.

Im wichtigen volkswirtschaftliche Teil der Untersuchung, hier soll ja bestimmt werden, ob dieses Projekt dem Wohl der Allgemeinheit dient oder eben nicht (Gutachten-Prof. Dr. Karl S. 6, 28ff.), beschäftigen wir uns mit dem vom Gutachten-Prof. Dr. Karl zugrunde gelegten Modell des aktuellen Nobelpreisträgers Prof. Paul Krugman, das in Verbindung mit der unterstellten Ausgangslage, "die Exportquote der Chemischen Industrie in NRW liegt bei etwa 30% des Produktionsvolumens" einen entsprechenden Verlagerungsdruck der Polycarbonate Produktion ins Ausland induzieren soll.

Schließlich erlauben wir uns eine Ergänzung zum Planergänzungsbeschluss: wir versuchen eine grobe Abschätzüng der externen sozialen Kosten, die der Gutachter Prof. Paul für unnötig hielt (Gutachten-Prof. Dr. Karl, S. 45), insbesondere die Grundstücksentwertung entlang der Trasse und Kosten einer immer möglichen Havarie.

Wir werden zeigen, das es letztlich nur eine ökonomisch vertretbare Lösung gibt: das CO wird direkt vor Ort produziert, wo es auch gebraucht wird.

4.1 Lobbyarbeit mit der Angst

Die Art und Weise wie der Bayer Konzern und seine Hausgewerkschaft IGBCE, zusätzlich unterstützt durch den DGB, Lobbyarbeit in Sachen CO-Pipeline machen, nennt man in Fachkreisen "gunship", also Kanonenboot. Hierbei handelt es sich um die aggressivste Form des Lobbying: sollte den Vorstellungen des Konzerns nicht entsprochen werden, wird mit Produktionsverlagerungen und dem massiven Abbau von Arbeitsplätzen gedroht.

4.1.1 Kanonenbootpolitik am Beispiel der Chemikalien-Richtlinie REACH

Beschrieben wird diese Strategie in einem aktuellen Buch mit dem Titel "Der gekaufte Staat". Hier zeigen die Autoren Sascha Adamek, investigativer Journalist des öffentlich rechtlichen Rundfunks, und Kim Otto, Professor im Fachbereich Medienmanagement an der Macromedia FH am Campus Köln, am Beispiel der Chemikalien-Richtlinie REACH (Registration, Evaluation and Authorization of Chemicals) wie die Konzernvertreter in Brüssel und Berlin Lobbyarbeit betreiben.

Im REACH Fall soll die Chemielobby gleich drei Horrorszenarien ausgearbeitet haben, um den Politikern die Folgen einer Politik aufzuzeigen, die nichts anderes wollte, als das ca. 30.000 Stoffe, unter anderem ca. 1.000 besonders kritische, "von der Industrie registriert, evaluiert, d.h. auf Schädlichkeit überprüft, und schließlich von den Behörden zugelassen werden - oder nicht" (Adamek; Otto, Der gekaufte Staat, 3. Auflage 2008, S. 164). Die Namen der Szenarien, die die Chemische Industrie an die Wand malte, sprechen für sich:

- Clouds

- Storm

- Hurricane

Alleine in Deutschland waren danach 2,35 Millionen Arbeitsplätze in Gefahr, 20 Prozent Produktionsverlust im verarbeitenden Gewerbe zu befürchten und die Bruttowertschöpfung "drohte" durch REACH um 6,4 Prozent sinken.

Und das alles wegen einer Richtlinie, die nichts anderes erreichen sollte, als das die Menschen in der EU Informationen darüber erhalten, mit welchen Stoffen die Chemische Industrie hantiert und welche sie ggf. in Umlauf bringt, mit möglicherweise verheerenden Folgen für die Gesundheit bis hin zur Schädigung des menschlichen Erbgutes. Da sollten eigentlich selbst die Vorstände dieser Chemiekonzerne schon aus Eigeninteresse nichts gegen einzuwenden haben, sollte man meinen.

Doch mit Horrorszenarien wie Clouds, Storm und Hurricane wird daraus natürlich nichts, "Wer solche Zahlen liest, den packt die nackte Angst ... um das Schicksal von Millionen Beschäftigten." (Adamek; Otto, Der gekaufte Staat, 3. Auflage 2008, S. 169). Den Politiker gibt es wohl nicht, der hier den kühlen Kopf bewahren kann, der den Überblick behält, oder der sich auf wirklich unabhängige Gutachter stützen kann. Stattdessen läuft er, wie Otto und Adamek in ihrem Buch nachweisen, Gefahr, so genannten U-Booten in der eigenen Exekutive aufzusitzten: das sind Konzernvertreter der Chemischen Industrie, die in Brüssel oder Berlin direkt in den Ministerien sitzen und an der Formulierung der Richtlinien und Gesetze "mitarbeiten" - im Falle von REACH war dies offenbar ein Markus Malangerie, langjähriger Manager der BASF AG. (Adamek, Otto, Der gekaufte Staat, 3. Auflage 2008, S. 161ff.).

Kanonenbootpolitik in NRW, Teil 1

Dieser hier kurz skizzierte und letztlich erfolgreiche Lobbyplot im Falle REACH kommt auch in NRW bei der CO-Pipeline zum Einsatz.

Bei einer Anhörung im Düsseldorfer Landtag (Sitzung des Umweltausschusses 17.10.2007) behauptete Peter Hausmann, Vertreter der IGBCE (Landesbezirk Nordrhein):

" Ich spreche hier für 250.000 Mitglieder in unserer Organisation;

aus dem Bereich Chemie/Kunststoff kommen 150.000 bis 160.000.

... Für Nordrhein-Westfalen ist diese Frage der Vernetzung und Infrastruktur von sehr großer Bedeutung. Es geht um die Zukunftsperspektive in der Chemieproduktion und Kunststoffproduktion. Aus unserer Sicht sind davon 150.000 Arbeitsplätze betroffen." (Ausschussprotokoll 14/509, S. 15-16).

Also statistische gesehen 100 Prozent der IGBCE Mitglieder, der mächtigsten Chemiegewerkschaft in Deutschland, in der Kunststoffproduktion NRWs.

Übrigens: ganz nebenbei sitzt der Gewerkschaftsmann Hausmann auch im Aufsichtsrat von BMS und sein IGBCE Chef, Hubertus Schmoldt im Aufsichtsrat von Bayer.

Wie soll ein Abgeordneter des Düsseldorfer Landtages dieses Horrorbild entkräften? Zumal die Lobby natürlich auch dort ihren Spindoktor hat, den SPD Abgeordneten Norbert Römer, IGBCE.

Kann man sich einen Ministerpräsidenten vorstellen, der sich gegen eine solche Lobby stellt?

Doch wer kann helfen? Kann die Verwaltung mit Hintergrundinformationen dienen, um den Horror als bloße Panikmache zu entkräften?

In unserem Fall der CO-Pipeline verwaltungsmäßig und exekutiv zuständig ist die Bezirksregierung Düsseldorf, angeführt von Jürgen Büssow, dem Regierungspräsidenten, Chef einer 200 Jahre alten Behörde. Der Regierungspräsident wird daher auch nicht vom Volk gewählt, und ist folglich auch keinem Wähler gegenüber verpflichtet.

Wir sind hier nicht investigativ tätig, aber es wäre wohl naiv zu glauben, dass die Bezirksregierung und die wichtigste Industriebranche in NRW, die Chemische Industrie und damit die Bayer AG mit ihrer Tochter BMS, traditionell nicht beste Kontakte pflegen. Ein Markus Malangerie, wie ihn die BASF in Brüssel und Berlin als U-Boot einsetzte, ist in NRW wohl nicht nötig. Nach 150 Jahren Zusammenarbeit - in guten wie in schlechten Zeiten - zwischen Bayer und der Bezirksregierung, kennt man sich.

Aber eine unabhängige Begutachtung der tatsächlichen Verhältnisse durch die Bezirksregierung, um die Politik, die Landesregierung und den Landtag, in ihrer Entscheidungsfindung neutral zu informieren, ist hier nicht unbedingt zu erwarten.

Das zeigt sich ja auch beim Planerergänzungsbeschluss, für den die Bezirksregierung oft und gerne auf von BMS selbst in Auftrag gegebene Gutachten zurückgreift:

Gutachten	Auftraggeber
Gutachten zur betriebs- und volkswirtschaftlichen Bedeutung einer Kohlenmonoxid-Rohrfernleitung zwischen Dormagen und Krefeld-Uerdingen, Prof. Dr. Helmut Karl	Bezirksregierung Düsseldorf
Untersuchungskonzept für linksrheinische Trassenführungen von CO-Pipelines, Ing.-Büro Nickel GmbH	Bezirksregierung Düsseldorf
Gutachten zur baulichen Ausführung und Sicherheitskonzeption einer Rohrfernleitung für die Durchleitung von Kohlenmonoxid, IRO GmbH Oldenburg	Bezirksregierung Düsseldorf
Umweltbilanz für die Errichtung und den Betrieb der CO-Pipeline von Dormagen nach Krefeld-Uerdingen, Deutsche Projekt Union GmbH	Bayer MaterialScience AG
Gutachterliche Stellungnahme zur Erdbebensicherheit der Kohlenmonoxid-Fernleitung DN250, PN 40 Köln-Worringen – Krefeld-Uerdingen unter Berücksichtigung des Eurocode 8, RWTÜV	Bayer MaterialScience AG
Gutachterliche Stellungnahme zu den eingesetzten Einrichtungen zum Feststellen austretender Stoffe; Kohlenmonoxid-Fernleitung Köln-Worringen – Krefeld-Uerdingen DN 250, PN 40, RWTÜV	Bayer MaterialScience AG

Gutachten	Auftraggeber
Korrosionsverhalten bei CO-Beanspruchung, Dechema-Werkstoff-Tabelle, Bayer Technology Services GmbH	Bayer MaterialScience AG
Beschreibung des Vorgehens zum Entspannen der CO-Pipeline zwischen den CHEMPARKS Köln-Worringen und Krefeld-Uerdingen, Bayer Technology Services	?
Gutachterliche Stellungnahme zu den Entspannungseinrichtungen der Kohlenmonoxid-Fernleitung DN 250, PN 40, Köln-Worringen – Krefeld-Uerdingen, RWTÜV	Bayer MaterialScience AG

Kanonenbootpolitik in NRW Teil 2

Den langen Arm der Chemielobby braucht man dann auch in den von der Bezirksregierung selbst in Auftrag gegebenen Gutachten für den Planergänzungsbeschluss nicht lange zu suchen: ganz unverhohlen räumt der Hauptgutachter der Bezirksregierung, Prof. Dr. Helmut Karl von der Ruhr-Universität Bochum, ein, dass natürlich auch seine Hochschule von Forschungskooperationen mit Bayer/ BMS profitiert (Gutachten-Prof. Dr. Karl S. 84).

Das ist interessant, immerhin bringt Gutachten-Prof. Dr. Karl den wichtigsten Teil zum Planergänzungsbeschluss der Bezirksregierung Düsseldorf "für die Errichtung und den Betrieb einer Rohrfernleitungsanlage zum Transport von gasförmigem Kohlenmonoxid von Köln-Worringen bis nach Krefeld-Uerdingen der Firma Bayer MaterialScience AG (BMS)" ein, nämlich die Untersuchung zur "Betriebs- und volkswirtschaftlichen Bedeutung" dieser CO-Pipeline.

Mit diesem Gutachten soll Gutachten-Prof. Dr. Karl letztlich den entscheidenden Nachweis führen, dass es sich bei der CO-Pipeline um ein dem Wohl der Allgemeinheit dienendes Projekt handelt, wie es im RohrlG gefordert wird.

Seine Ergebnisse kurz zusammengefasst:
Ohne die CO-Pipeline

- verbleibt der Standort Krefeld-Uerdingen in der Position einer Insellage

- dem eine ökonomische Abwärtsspirale folgt mit Marktanteilsverlusten und Rentabilitätsnachteilen gegenüber Mitkonkurrenten

- was Standortverlagerungen in Richtung auf Standorte auslöst, die eine entsprechende Verbundproduktion erlauben

In Zahlen:
Ohne die CO-Pipeline wird es kurzfristig für BMS aus Kostengründen erforderlich sein 30% seiner bisherigen Polycarbonatproduktion aus Krefeld-Uerdingen auf alternative Standorte zu verlagern (Gutachten-Prof. Dr. Karl S. 48).
Die Folgen für den Standort Krefeld-Uerdingen: 345 Arbeitsplätze, bzw. eine Wertschöpfung von 181 Mio. EUR wären schon kurzfristig in Frage gestellt, 7.000 Arbeitsplätze mittel- und langfristig bedroht, bei einer bedrohten Wertschöpfung von 4,2 Mrd. EUR (Gutachten-Prof. Dr. Karl S. 90).
Selbst das folgende Kanonenboot Szenario ist für Gutachten-Prof. Dr. Karl unhinterfragt plausibel und wurde von der Bezirksregierung übernommen:

Hier nennt der Planergänzungsbeschluss Namen von Unternehmen, die bei einer Auslandsverlagerung negativ betroffen wären. Neben BMS Kunden wie Hella und Vossloh wird auch die Bayer Tochter Lanxess genannt (Planergänzungsbeschluss, S. 23). Drohung mit Selbstverstümmelung - Kanonenbootpolitik nach Art der Chemischen Industrie.

Die Erpressung wird gerne auch noch etwas ausgeweitet, denn ohne CO-Pipeline sieht Gutachten-Prof. Dr. Karl das "regionale Innovationssystem" negativ tangiert, heißt, BMS droht, sich in Zukunft bei Investitionen in wirtschaftsnahe Forschung zurücknehmen zu müssen. Düstere Konsequenzen für die Forscher in NRW werden an die Wand gemalt (Gutachten-Prof. Dr. Karl, S. 78 ff).

Bisher spielt BMS hier nach Erkenntnissen des Gutachters Prof. Dr. Karl "eine führende Rolle, die empirisch nachgewissen werden kann" (Gutachten-Prof. Dr. Karl, S. 79). Wie viele BMS-EUR allerdings tatsächlich in die unternehmensexterne Forschung fließen, wird nicht entdeckt.

Letztlich bleibt Gutachten-Prof. Dr. Karl den Nachweis, ob diese Drohung plausibel ist oder nicht, und wenn ja, über welche Summen hier eigentlich gesprochen wird, schuldig. Denn was soll die Anzahl der Patentanmeldungen über deren Qualität und wirtschaftlichen Nutzen aussagen? Zunächst doch wohl mal gar nichts. Zumal die Kunststoffproduktion in Krefeld-Uerdingen mit ihren Eingangsstoffen CO und Chlor/ Phosgen veraltet scheint, wo die Konkurrenz schon längst damit begonnen hat moderne, CO freien Produktionsverfahren auf den Weg zu bringen (US-Firma produziert Kunststoff aus Kohlendioxid, Plasticker-News vom 21.12.2007, Ausgabe 1/2008).

Und mal im Ernst: aus reiner Freude am Forschen oder zur Wissenschaft fließen die BMS-Forschungsgelder ja letztlich nicht. Es geht um zukünftige Renditen, also neue, innovative Produkte und Verfahren. Und solange hier in NRW die einschlägigen Kompetenzen und Kapazitäten vorhanden sind, ist es kaum plausibel den Betrieb einer CO-Pipeline zur Voraussetzung der Zuteilung von Forschungsaufträgen und -mittel zu machen. Wo sollte diese Alternative eigentlich sein?

Klar scheint nur, dass in Richtung einer CO freien Kunststoffproduktion nicht geforscht wird, Gutachten-Prof. Dr. Karl hätte es sicher erwähnt. Soviel nur zur angeblich so kostspieligen und intensiven Forschungsarbeit der BMS AG.

4.1.2 Fazit

Die Chemie-Lobby hat im Falle der CO-Pipeline ganz offensichtlich wieder erfolgreich agitiert, wenn auch nicht mit den ganz großen Granaten, der Vernichtung der Kunststoffsparte NRWs, wie von der IGBCE wiederholt menetekelt, was angesichts einer Investitionssumme von nur 50 Mio. EUR für eine CO-Pipeline auch kaum noch weiter vermittelbar ist.

Nichts desto trotz ist es gelungen, mit Gutachten-Prof. Dr. Karl einen Wissenschaftler zu "gewinnen", der den BMS-Forschungsgeldern sehr nahe kommt, zumindest seine Universität profitiert. Unabhängig kann man Gutachten-Prof. Dr. Karl damit jedenfalls nicht nennen. Zu offensichtlich ist auch seine Quellennähe zu BMS, zu offensichtlich die unkritische Übernahme der Unternehmens- und Wirtschaftsstatistiken, zu offensichtlich seine Abneigung sich mit Fragen auseinander zusetzten, die BMS unbequem sind, weil sie den Nutzen der CO-Pipeline für die Allgemeinheit in Frage stellen:

- warum keine Produktionsverlagerung ins 40km entfernte Dormagen?

- warum keine zwei Steam-Reformer in Krefeld-Uerdingen?

- warum die weltfremde Unterstellung, die CO-Pipeline sei so sicher, "dass mit an Sicherheit grenzender Wahrscheinlichkeit Schäden für Dritte und damit soziale Kosten ausgeschlossen werden können. Sie werden deshalb an dieser Stelle nicht weiter verfolgt" (Gutachten-Prof. Dr. Karl, S. 45)?

Immerhin verknappt Gutachten-Prof. Dr. Karl die IGB-CE Bedrohung von 150.000 gefährdeten Arbeitsplätzen auf maximal! 7.000 oder 4,7 Prozent.

Sicher immer noch schlimm für potentiell Betroffene, aber wenn man bedenkt, dass hinter dem Gutachten-Prof. Dr. Karl offensichtlich die Bayer-Lobbyisten stehen, die ihn offensichtlich mit Daten und den zur Durchsetzung ihrer Ziele notwendigen "Spins" gebrieft haben (z.B. die Pipeline sei sicher, da kann nie etwas passieren), sind das Zahlen ohne Wert.

Und den Beweis hierzu liefert Gutachten-Prof. Dr. Karl in seinen volkswirtschaftlichen Nutzen-Kosten-Analyse (Gutachten-Prof. Dr. Karl, S. 43 ff) letztlich selbst. Hierauf wird später im Kapitel "Volkswirtschaftliche Kosten" noch genauer eingegangen.

4.2 Zur betriebswirtschaftlichen Analyse des Gutachten-Prof. Dr. Karl

Gutachten-Prof. Dr. Karl arbeitet im betriebswirtschaftlichen Teil seines Gutachtens unter anderem ein Standortproblem der BMS AG in NRW heraus, und sieht weiter ein gravierendes Problem bei der Redundanz in dem über

50 Jahre alten Produktionsverfahren von Polycarbonat am Standort Krefeld-Uerdingen. Ist das tatsächlich so?

Weiter fragen wir, ob Gutachten-Prof. Dr. Karls Analyse gefolgt werden kann, wenn er in der Ausweitung "billiger" Massenpolycarbonate eine empfehlenswerte Unternehmensstrategie für BMS entdeckt.

Der von Gutachten-Prof. Dr. Karl errechnete private Vorteil für BMS wird kurz eingeblendet, um ihn für die weiteren Untersuchungen präsent zu haben.

4.2.1 Das Standortproblem

Zunächst schauen wir uns das von Gutachten-Prof. Dr. Karl ausgemachte Standortproblem für BMS am Standort NRW genauer an. Das funktioniert angeblich folgendermaßen (Gutachten-Prof. Dr. Karl, S. 8 ff):

- CO braucht man zur Herstellung von Kunststoffen

- 30% der weltweiten BMS-Kapazitäten "Polycarbonat" werden in Krefeld-Uerdingen erzeugt

- ebenso 20% der weltweiten BMS-Kapazitäten "Polyurethanrohstoff" MDI

- die Koksvergasungsanlage vor Ort in Krefeld-Uerdingen liefert das benötigte CO

- zwei Steam-Reformer in Dormagen liefern auch CO aber nicht für Krefeld-Uerdingen

- die Chemie erfordert Produktionsstandorte mit großen, zusammenhängenden Betriebsflächen, beispielhaft wird Shanghai mit 3.000 ha genannt

Daraus folgert der Gutachten-Prof. Dr. Karl:

- mit seinen drei Standorten in NRW besteht hier ein "gravierender Wettbewerbsnachteil" für BMS,

- dieser Nachteil kann behoben werden: "Verbindung der Standorte mittels Rohrfernleitungssystemen"

Hierzu möchten wir einige Bayer-Infos zu den Chemparks Leverkusen, Dormagen und Krefeld-Uerdingen aufzeigen (`http://www.chempark.de`):

Leverkusen

Gesamtfläche: 480 ha
Freie Flächen: von 0,5 - 4 ha
Betriebe: 200
Autobahnanschlüsse: A1, A3, A59
Gleisanschluss: ja
Wasserweg: Rhein
Flughäfen: Düsseldorf, Köln/Bonn

Dormagen

Gesamtfläche: 360 ha
Freie Flächen: von 0,5 - 6 ha
Betriebe: 60
Autobahnanschlüsse: A57
Gleisanschluss: ja
Wasserweg: Rhein
Flughäfen: Düsseldorf, Köln/Bonn

Krefeld-Uerdingen

Gesamtfläche: 260 ha
Freie Flächen: von 0,5 - 20 ha
Betriebe: 40

Autobahnanschlüsse: A57, A40, A52
Gleisanschluss: ja
Wasserweg: Rhein
Flughäfen: Düsseldorf

Fassen wir zusammen: 300 Fremdbetriebe siedeln in den angeblich so wettbewerbsnachteilig "knappen" Chemparks - selbst Flächen von immerhin bis zu 20 ha (entspricht ca. 20 Fußballfeldern) werden weiterhin feilgeboten.

Bayer weiß offenbar schon seit Jahren nichts Besseres mit seinem Gelände anzufangen, als es an externe Unternehmen aller Art zu verpachten/ vermieten. (Jan Pehrke, Standort ohne Stand, `http://www.cbgnetwork.org/2371.html`).

Genug Platz in Dormagen beispielsweise, um dort in der direkten Nähe der CO produzierenden Steam-Reformer eine moderne Kunststoffproduktion zu errichten oder die vom Standort Krefeld-Uerdingen hierher umzusiedeln. Die räumliche Nähe zu Krefeld und die beste Infrastruktur in Gestalt der Autobahn A57 garantieren zudem eine auch sozial völlig unkritische Umstrukturierung. Die 50 Mio. EUR die BMS jetzt in die CO-Pipeline investiert, hätten besser mit dazu beitragen können eine neue und moderne Kunststoffproduktion zu finanzieren. Einen Aspekt, den Gutachten-Prof. Dr. Karl leider nicht in Betracht zieht.

Was die Vernetzung der drei Standorte angeht, sei auf die Werbung für die Chemparks verwiesen, siehe auch oben. Hinzu kommt ein dichtes Pipeline-Netz für Wasserstoff, Erdgas, Sauerstoff, Erdöl, usw. alles was gewünscht oder benötigt wird, nur eben kein CO zwischen den Werken Leverkusen/ Dormagen und Krefeld-Uerdingen.

Es ist also entgegen der Schlussfolgerung des Gutachten-Prof. Dr. Karl nicht plausibel nachvollziehbar, weswegen der BMS Standort NRW verteilt über drei bestens verbundene Chemparks, von denen zwei, Dormagen und Lever-

kusen quasi nur durch den Rhein getrennt werden, und der
Dritte, Krefeld-Uerdingen ca. 40 km weiter nördlich liegend,
die zudem schon lange nicht mehr voll ausgenutzt werden,
einem 3.000 ha Standort Shanghai unterlegen sein sollen.
Nur wegen einer fehlenden CO-Pipeline zwischen Dorma-
gen/ Leverkusen und Krefeld-Uerdingen? Wie ist es denn
eigentlich um die Infrastruktur in China bestellt? Gibt es
dort auch unmittelbare Autobahnanbindungen, Flughäfen
quasi in Sichtweite, Wasserstraßen durchs Werksgelände?
Oder wie ist es um das Umfeld bestellt? Forschung, weiterverarbeitende Industrie, qualifizierte Arbeitnehmer direkt
vor Ort? Möchten die NRW Vorstände gerne dorthin um-
siedeln, auch mit ihren Familien?

Offenbar fühlt sich die Unternehmensspitze und ihre Familien in NRW immer noch sehr gut aufgehoben.

Die Hektargröße allein kann kein brauchbares Kriterium
sein. Die These "je mehr Hektar also besser" ist jedenfalls
nicht nachvollziehbar. Gutachten-Prof. Dr. Karl bleibt uns
den Nachweis der Überlegenheit eines Shanghai-Werkes gegenüber dem BMS Chemieparkcluster NRW schuldig.

Wie die folgende volkswirtschaftliche Analyse noch zeigen wird, sind solche betriebswirtschaftlichen Betrachtun-
gen bei Massengütern letztlich sowieso ohne Bedeutung, da
alleine die Wirtschaftskraft der Wirtschaftsregion zählt, in
der sich der oder die BMS Standorte befinden.

4.2.2 Das n-1 Prinzip

Für die Produktion in Krefeld-Uerdingen heißt n-1, fällt die
Koksvergasungsanlage aus, steht die Kunststoffproduktion
still.

Offensichtlich wurde Bayers Kunststoffbereich immer sehr
pfleglich behandelt: so betreibt man die Kunststoffproduktion in Krefeld-Uerdingen seit 1961, also seit fast 50 Jahren,

mit einer bewährten Koksvergasungsanlage und ohne "n-1" Sicherheit, wie Gutachten-Prof. Dr. Karl feststellt.

Ein halbes Jahrhundert war das offenbar kein Problem für Bayer. Offenbar kein Gedanke an das n-1 Prinzip.

Seit 2004 allerdings hakelt es. Der Kunststoffbereich wird zu diesem Zeitpunkt in die BMS AG vom Mutterkonzern Bayer abgespalten. Bereits zwei Jahre später, nach 600 Tonnen Produktionsausfall in 2004, 1.802 Tonnen in 2005, sind in 2006 bereits 36.198 Tonnen Produktionsausfall in Krefeld-Uerdingen zu verschmerzen (Daten s. Gutachten-Prof. Dr. Karl, S. 16).

Aber ist das auf die mangelnde Redundanz zurückzuführen?

Gutachten-Prof. Dr. Karl gibt die Antwort einige Seiten später im Grunde selbst (Gutachten-Prof. Dr. Karl, S. 57, Tabelle 3):

Die Investitionsvolumina gehen nach dem Konzernumbau für den BMS Bereich drastisch zurück. Es ist also stark zu vermuten, dass die Koksvergasung nicht mehr ausreichend gewartet wurde. 2004 werden lediglich 14 Mio. EUR in Krefeld-Uerdingen investiert, wo vorher mit 93 (2002) bzw. 69 (2001) Mio. EUR Investitionssumme in einer ganz anderen Größenordnung operiert wurde.

4.2.3 Produktionsausweitung

Die Produktion von Polycarbonat soll sogar ausgeweitet werden. Doch nicht etwa die der jetzt 50% Spezialkunststoffe (=Makrolon®), die es so nur von BMS gibt, sondern die der "billigen" Massenwaren, die so auch die Konkurrenz herstellt (Gutachten-Prof. Dr. Karl, S. 24 ff).

Entsprechend bescheinigt Gutachten-Prof. Dr. Karl der BMS hier eine harte Konkurrenzsituation und Kostenwettbewerb. Doch wer jetzt erwartet, dass Gutachten-Prof. Dr.

Karl BMS von einem verstärkten Engagement in einem angeblich so hart umkämpften Massenmarkt abrät, um stattdessen auf die BMS Spezialität Makrolon® zu setzten, wird enttäuscht.

Man muss sich das noch einmal klar machen: BMS möchte im angeblich bestehenden, verschärften Wettbewerb standardisierter "Massengüter mit einfachen homogenen Produkteigenschaften" (Gutachten-Prof. Dr. Karl, S. 25) gegen die Konkurrenz punkten.

Welche betriebswirtschaftliche Berechtigung hätten in diesem Szenario eigentlich die Koksvergasung in Krefeld-Uerdingen mit ihren 150 Mitarbeitern - nach Inbetriebnahme einer CO-Pipeline? Und das im Hochlohnland Deutschland, wo die IGBCE sehr verlässlich - auch aus dem Aufsichtsrat heraus, wie bereits dokumentiert - für bekannt gute Löhne in der Chemieindustrie sorgt (Verband der Chemischen Industrie, Chemiewirtschaft in Zahlen 2008, Tab. 26)?

4.2.4 Warum keine Steam-Reformer in Krefeld-Uerdingen?

Gutachten-Prof. Dr. Karl verwirft die "theoretisch denkbare Alternative eines Steam-Reformers in Krefeld-Uerdingen ... aus wirtschaftlich nachvollziehbaren Gründen" (Gutachten-Prof. Dr. Karl, S. 22): Hauptproblem sei die fehlende Verwendungsmöglichkeit für den anfallenden Wasserstoff am Standort Krefeld-Uerdingen.

So müsste der überschüssige Wasserstoff abgefackelt werden, und die angestrebte Versorgungssicherheit mit CO sei weiterhin nicht gewährleistet, obwohl doch in diesem Szenario mit der bestehenden Kohlevergasungsanlage eine ausreichende Redundanz darstellbar wäre und obwohl Krefeld-Uerdingen ans Wasserstoffnetzwerk angeschlossen ist.

Und warum dann eigentlich nicht zwei Steam-Reformer

in Krefeld-Uerdingen, weltweit eine der größten und damit wichtigsten BMS Polycarbonatproduktionsstandorte der Welt? Ein Investment von ca. 160 Mio. EUR bzw. das Äquivalent von gerade einmal drei CO-Pipelines: es böte hinreichend n-1 Sicherheit und der überschüssige Wasserstoff könnte wahlweise über die vor Ort liegenden Pipelines dorthin geführt werden wo er gebraucht wird, oder zur Stromerzeugung an das aktuell geplante Kohlekraftwerk direkt am Standort Krefeld-Uerdingen abgegeben werden, von wo auch das für die Steam-Reformer benötige CO_2 bezogen werden könnte. Natürlich, auch eine Produktionsausweitung wäre kein Problem.

Weiterer betriebswirtschaftlicher Vorteil: die alte Koksvergasung könnte komplett aufgegeben werden.

Doch offenbar nicht der Untersuchung wert, für Gutachten-Prof. Dr. Karl.

4.2.5 Der private Vorteil

Um es kurz zu machen, hier kommt Gutachten-Prof. Dr. Karl auf 6 Mio. EUR, was der Kapitalverzinsung des 50 Mio. EUR Investments von 12% entspricht (Gutachten-Prof. Dr. Karl, S. 44).

4.2.6 Zusammenfassung

Einen Standortnachteil für BMS in NRW kann Gutachten-Prof. Dr. Karl nicht plausibel nachweisen, da er eine Verlagerung der CO bedürftigen Kunststoffproduktion von Krefeld-Uerdingen nach Dormagen, wo CO aus den Steam Reformern der Firmen Linde und Praxair zur Verfügung steht, nicht untersucht.

Die Vorteile eines Standortes Shanghai werden in keinster Weise plausibel dargestellt, bliebe lediglich die nicht vor-

handene CO-Anbindung des Standortes Krefeld-Uerding-
en als vermeintlicher Nachteil. Eine ernsthafte Abwägung
der BMS internen Konkurrenzsituation China versus NRW
wird überhaupt nicht erst vorgenommen.

Doch die Tatsache, dass die CO Gewinnung durch Koksvergasung bei ausreichender Wartung offenbar auch über
Jahrzehnte problemlos zu bewerkstelligen ist, spricht stark
für eine ausreichend vorhandene Systemredundanz am Standort Krefeld-Uerdingen - seit 1961.

Alternativen wie ein Doppel-Steam-Reformer mit ausreichender Redundanz auch ohne die Koksvergasungsanlage
werden noch nicht einmal in Erwägung gezogen. Und das
vor Ort eine Anbindung ans Wasserstoffnetz existiert wird
nicht einmal erwähnt.

Plausibel scheint eher folgendes Szenario:

Der mit der Umstrukturierung entfachte Renditewett-
bewerb innerhalb der Konzernfamilie des Bayer Konzerns
drängt BMS offenbar Aktivitäten zu entwickeln, um beim
Mutterkonzern bei den Renditen nicht abzurutschen. Das
hieße kein Geld mehr für nichts oder es droht die Trennung
durch Verkauf der Kunststoffsparte, Verkauf von BMS.

Da kommt es gelegen, wenn man für 50 Mio. EUR eine CO-Pipeline zwischen Dormagen und Krefeld-Uerdingen
bekommen kann, die dort bisherigen "Abfall" von Linde und
Praxair abholt, um eine Kohlevergasungsanlage im n-1 Fall
zu substituieren und darüber hinaus noch eine Produktionsausweitung ermöglicht. Das zeigt zumindest Aktivitäten
des Managements und bringt etwas Ruhe in renditegereizte
Chemiecluster.

Oder noch mehr Rendite: BMS verzichtet auch mit CO-
Pipeline zukünftig auf das n-1 Prinzip, und macht die Koksvergasung in Krefeld-Uerdingen einfach zu. Immerhin könnten 150 Arbeitsplätze eingespart werden, das ist sehr ver-
lockend und treibt die Rendite noch weiter nach oben. Mit

den Zahlen, die Gutachten-Prof. Dr. Karl vorlegt gerechnet, könnten so gut 7 Mio. EUR eingespart werden - schon sehr kurzfristig übrigens - zuzüglich der 6 Mio. EUR, die als privater Vorteil durch den CO-Pipelinebau errechnet wurden.

4.2.7 Kurzzusammenfassung

−	Kosten der CO-Pipeline:	50 Mio. EUR
+	150 Beschäftigte weniger spart pro Jahr:	7 Mio. EUR
+	Privater Vorteil einer CO-Pipeline für BMS pro Jahr:	6 Mio. EUR
=	Amortisationsdauer dieses Investments:	keine 4 Jahre
=	Rendite für BMS:	26 Prozent!

Gibt es eine ehrlichere Sichtweise der Dinge?

4.3 Zur volkswirtschaftlichen Analyse des Gutachten-Prof. Dr. Karl

In diesem Teil unserer Analyse kommen wir zum eigentlichen Kern des von Gutachten-Prof. Dr. Karl im Auftrag der Bezirksregierung Düsseldorf eingebrachten Gutachtens zur "Bedeutung der CO-Fernleitung Dormagen und Krefeld-Uerdingen".

Hier geht es um die entscheidende Frage, ob die CO-Pipeline, wie im RohrlG gefordert, dem Wohle der Allgemeinheit dient und zwar derart, dass Enteignungen von Privateigentum und damit ein Eingriff in ein verfassungsmäßig geschütztes Recht - hier GG Artikel 14 "(3) Eine Enteignung ist nur zum Wohle der Allgemeinheit zulässig" - gerechtfertigt werden können.

BMS droht den Politikern und Bürgern NRWs (s. auch oben "Lobbyarbeit mit der Angst") bei einer Nichtgenehmigung des CO-Pipelinebetriebes mit der Verlagerung von 30% der Polycarbonatproduktion aus Krefeld-Uerdingen ins Ausland.

Eine solche Verlagerung hätte nach Gutachten-Prof. Dr. Karl zur Folge, dass mittel- bis langfristig "maximal" 7.000 Arbeitsplätze (1.200 innerhalb BMS, 5.800 außerhalb BMS) am Standort Krefeld-Uerdingen bedroht sind. Dies entspricht einer Bruttowertschöpfung von 4,2 Mrd. EUR.

Ist das plausibel?

Wir wenden in der folgenden volkswirtschaftlichen Untersuchung ebenfalls das von Gutachten-Prof. Dr. Karl herangezogene Krugman Modell an. Allerdings erlauben wir uns bei der Auswertung auf die amtlichen Produktions- und Außenhandelsstatistiken zurückzugreifen. Das Ergebnis ist verblüffend: Angewandt auf das von Gutachten-Prof. Dr. Karl herangezogene Krugman Modell stellen sie dessen Ergebnisse auf den Kopf.

Über die Datensätze des Gutachten-Prof. Dr. Karl hinaus untersuchen wir die Auswirkung der Zollsätze der Europäischen Union für Polycarbonate, und nehmen eine Abschätzüng möglicher externer sozialer Kosten einer CO-Pipeline vor.

Wir werden zeigen, dass das Szenario einer wirtschaftlichen Abwärtsspirale, nach Gutachten-Prof. Dr. Karl ausgelöst durch die fehlende CO-Pipeline, mit falschen Ausgangsdaten operiert und daher das Gegenteil dessen beschreibt, was an Auswirkungen, nach dem dort zugrunde gelegten Modell von Paul Krugman, tatsächlich zu erwaten ist, und wir werden zeigen, dass die tatsächlichen volkswirtschaftlichen Kosten einer CO-Pipeline in keinem auch nur irgendwie akzeptablen Verhältnis zum privaten Vorteil der BMS AG stehen.

4.3.1 Plausibilität der 30% Drohung

Die Drohung der Firma BMS, 30% der Polycarbonatproduktion kurzfristig aus Krefeld-Uerdingen ins Ausland zu verlegen falls die CO-Pipeline nicht wie gewünscht realisiert werden darf, ist für Gutachten-Prof. Dr. Karl "glaubhaft" (Gutachten-Prof. Dr. Karl, S. 49):

Hierbei verweist er auf die bereits oben genannten Aspekte der größeren Hektarflächen in Shanghai und auf den ebenfalls bereits genannten Kostenwettbewerb im verschärften Wettbewerb standardisierter "Massengüter mit einfachen homogenen Produkteigenschaften" (Gutachten-Prof. Dr. Karl, S. 25). Zwei betriebswirtschaftliche Aspekte, die hier bereits kritisch hinterfragt wurden.

Umso interessanter ist die folgende - sowohl für Gutachten-Prof. Dr. Karl als auch für uns - entscheidende Überlegung in Bezug auf den Gemeinwohlaspekt, die auf den Forschungsergebnissen des aktuellen Nobelpreisträger Prof. Paul Krugman aufbaut.

Gutachten-Prof. Dr. Karl, der Kern

Gutachten-Prof. Dr. Karl:
"Wird das CO-Fernleitungsprojekt nicht umgesetzt, wird es vorteilhafter, die im Ausland abgesetzte Produktion auch dort zu produzieren. Denn nicht ausreichende Verbundvorteile in Krefeld-Uerdingen können Transportkosten zum Absatzort nicht kompensieren. Die Exportquote der Chemischen Industrie in NRW liegt bei etwa 30% des Produktionsvolumens... insbesondere auf mittlere Sicht wird man sich darum bemühen, die Kapazitäten an ausländischen

Standorten zu erhöhen, um dort Massenproduktionsvorteile zu erzielen und Transportkosten einzusparen." (Gutachten-Prof. Dr. Karl, S. 50).

Wir sprechen also über Polycarbonat, von dem Gutachten-Prof. Dr. Karl annimmt, dass hiervon ca. 30% der BMS Produktion ins Ausland verkauft wird. Das also aufgrund der prekären Kostenstruktur der BMS AG in NRW keine Reserven bestehen, entstehende Transportkosten zu ausländischen Abnehmern so zu kompensieren, um gegen allgegenwärtige Wettbewerber bestehen zu können.

Folglich müsste BMS eine Produktionsverlagerung in diejenigen Länder vornehmen, in denen einfache Polycarbonate nachgefragt werden, kurz: Produktion dort, wo das Produkt gebraucht wird.

Krugmans Ansatz

Paul Krugman untersucht in seiner jetzt auch mit dem Nobelpreis für Wirtschaftswissenschaften geehrten Arbeit, warum die Menschen so siedeln wie sie siedeln, nämlich einerseits geballt in industriellen Zentren, andererseits in landwirtschaftlichen Gebieten (Paul Krugman, Increasing Returns on Economic Geography, in: Journal of Political Economy, Vol. 99, Issue 3, S. 483-499).

Sein Ergebnis: das Entstehen von Ballungsräumen, neben landwirtschaftlich geprägten Gebieten, hängt im Wesentlichen von drei Faktoren ab: den Transportkosten, den möglichen Größenvorteilen in der Produktion und dem jeweiligen Anteil der verarbeitenden Industrie am Volkseinkommen.

Positive Rückkopplung

Man kann sich das als eine positive Rückkopplung vorstellen:

Größenvorteile in der Produktion realisiert ein Unternehmen wenn es ihm gelingt, die Transportkosten zu den Kunden zu minimieren. Das wiederum gelingt dort am besten, wo bereits potentielle Kunden siedeln also dort, wo bereits eine höhere Nachfrage besteht um in die Massenproduktion zu gehen, und das sind vor allem diejenigen Regionen, wo bereits verarbeitende Industrie produziert. (Weitere Quellen s. Gutachten-Prof. Dr. Karl, S. 50, Fußnote 85).

Müsste BMS 30% seiner Polycarbonat Produktion unter hohen Transportkosten ins Ausland verkaufen, wäre das auf Dauer genau dann betriebswirtschaftlich nicht mehr vertretbar, wenn am Zielort ein krugmanscher Ballungsraum entwickelt wäre.

Entsprechend kann man den Ausführungen des Gutachten-Prof. Dr. Karl folgen: unter den von ihm gemachten Annahmen würde BMS seine Produktion wohl besser verlagern. Unser Tipp: je schneller um so besser, bevor die Konkurrenz BMS zuvorkommt.

Denn selbst eine kurzfristige Kostenentlastung, wie sie die CO-Pipeline bringen soll, wird mittel- bis langfristig die Transportkostennachteile nicht aufwiegen können, wenn sich neue krugmansche Ballungsräume entwickeln und evtl. eine Verlagerung, mit Sicherheit aber neue Produktionsorte erzwingen.

Die BMS Strategie

Das BMS genau nach dieser Strategie handelt, zeigen die BMS Produktionsorte für Polycarbonate, neben seiner größten Produktionsanlage in Krefeld-Uerdingen (über 300.000 Jahrestonnen):

Shanghai, China (100.000 Jahrestonnen), Map Ta Phut, Thailand (220.000 Jahrestonnen), und den älteren Standorten Baytown, USA (260.000 Jahrestonnen) und Antwerpen, BE (240.000 Jahrestonnen) (Bayer - Science for a Better Life, http://www.bayer.de/de/Bayer-in-aller-Welt.

aspx).

Die Verteilung der Produktionsstätten auf krugmansche
Regionen, sprich große Ballungsräume, ist nicht zu über-
sehen. Bleibt die Frage, weshalb BMS ausgerechnet am
Standort NRW, einem der größten und wirtschaftlich po-
tentesten Ballungsräume der Welt, glaubt, die Produktion
von Polycarbonaten ins Ausland verlegen zu müssen, wenn
nicht eine CO-Pipeline von Dormagen nach Krefeld-Uerdingen betrieben werden darf?

Eine schlüssige Antwort bleibt uns nicht nur Gutachten-
Prof. Dr. Karl schuldig sondern auch ein Blick in die Pro-
duktionsstatistik des Statistischen Amtes der Europäischen
Union.

Daten: Handel, Verbrauch und Produktion von Polycarbonat in Deutschland

Zunächst die Daten der 2007er Handels- und Produktions-
statistiken für Deutschland, die das Statistisches Amt der
EU jetzt vorgelegt hat (EUROPROMS in: Intra-Extra EU
Handel, Jg. 2008):

"Polycarbonate in Primärform" (alles auf glatte Tsd. gerundet)

Deutschland:	
Verkaufte Produktion:	326 Tsd. Tonnen
Importe:	165 Tsd. Tonnen
- davon aus EU Staaten:	148 Tsd. Tonnen
- aus Nicht-EU Staaten:	19 Tsd. Tonnen
davon	
- Thailand	5 Tsd. Tonnen
- Japan	5 Tsd. Tonnen
- Südkorea	3 Tsd. Tonnen
- Taiwan	3 Tsd. Tonnen
- sonstige	3 Tsd. Tonnen
Exporte:	KEINE

Also wurden insgesamt in Deutschland verkauft: 491 Tsd. Tonnen

Darüber hinaus werden noch einmal ca. 500-600 Tsd. Tonnen (anhand der Datenhistorie geschätzt) direkt vom jeweiligen Erzeuger weiterverarbeitet.

Wir sprechen also über eine heimische Gesamtproduktionsmenge von ca. 800-900 Tsd. Tonnen plus 150 Tsd. Tonnen Import aus dem EU Binnenmarkt plus ca. 20 Tsd. Tonnen Import aus Nicht-EU Staaten.

Das ist vor dem Hintergrund der Annahmen des Gutachten-Prof. Dr. Karl eine echte Überraschung: Deutschland entpuppt sich beim Blick in die amtliche Statistik nicht etwa als Polycarbonat Exporteur, im Gegenteil, die deutsche weiterverarbeitende Industrie verbraucht mehr Polycarbonate als im Inland hergestellt werden kann.

Mit amtlichen Daten zurück zu Krugman

Mit amtlichen Datensatz zurück zu Krugman ergibt sich folgendes Bild:

aus dem 30%igen Exportüberschuss für Polycarbonate, den Gutachten-Prof. Dr. Karl unterstellt, der nach Krugmans Theorie auf BMS einen Druck induziert, mit der Produktion dorthin zu gehen, wo sie gebraucht wird, also irgendwohin ins Ausland, wird nach amtlicher Faktenlage eine 20%ige Unterversorgung der heimischen Wirtschaft. Statt heimischer Überproduktionen, benötigt der Standort zusätzliche Importe von 170 Tsd. Jahrestonnen, um die Nachfrage zu befriedigen.

Wandert ein Polycarbonate Produzent unter diesen Gegebenheiten tatsächlich ab? Ist ein solches Szenario plausibel nachvollziehbar?

Gutachten-Prof. Dr. Karl zeigt selbst auf, was in dieser Situation zu erwarten ist: aufgrund der hohen Transportkosten und des vorhandenen Ballungsraums ist theoretisch mit einem weiteren Zuzug Polycarbonate produzierender Unternehmen zu rechnen.

Das BMS das nicht genau so sieht, ist kaum möglich, denn seine globale Standortpolitik ist gleichsam der Beweis für Krugmans Theorie. Die 30% Drohung entpuppt sich als typische Kanonenbootpolitik der Chemischen Industrie, hier der BMS AG.

4.3.2 Ergänzungen zum Datenkranz des Gutachten-Prof. Dr. Karl

Es gibt noch zwei wichtige Kostenbereiche, die Gutachten-Prof. Dr. Karl nicht untersucht, bzw. die er nicht für untersuchenswert hält. Einmal sind es die Zölle, die die Europäische Union auf Importe von Polycarbonaten erhebt und zum anderen ist es die, laut Gutachten-Prof. Dr. Karl

überflüssige, Diskussion externer sozialer Kosten einer CO-
Pipeline durch NRW.

Da es sich in beiden Fällen um signifikante Größen in jeder ernsthaften volkswirtschaftlichen Betrachtung handelt,
möchten wir diesen Mangel im Folgenden beheben.

Schutzzölle

Der EU-Binnenmarkt für Kunststoffe, hier: Polycarbonate,
wird mit einem Schutzzoll gesichert: d.h. alle Importe aus
Nicht-EU Staaten verteuern sich beim Überschreiten der
Binnengrenzen um 6,5% (z.B. Amtsblatt der EU, L 291
vom 31.10.2008, S. 278).

Für einen Import in die Europäische Union, also z.B.
auch aus den BMS Produktionen in den Vereinigten Staaten oder Shanghai, müssen nicht nur hohe Transportkosten kalkuliert werden, sondern zusätzlich ein 6,5%iger Auf-
schlag beim Überschreiten der EU Außengrenze. Das holt
bei Massengütern wie "billig" Polycarbonate, die hier be-
trachtet werden, keine CO-Pipeline oder Standortoptimie-
rung heraus.

Schutzzölle sind denn normalerweise auch ganz im Sinne
von BMS. Was den EU Binnenmarkt für Polycarbonate vor
"überbordendem" Handelstrieb neureicher Schwellenländer
schützt, hätten sie gerne auch für ihren Standort in den
USA.

So forderte BMS in 2006 in einem Schreiben an den US-
Handelsbeauftragten Schutzzölle auch für den U.S. ameri-
kanischen Markt ein (Roger Rumer, Vice President BMS,
Schreiben vom 15.9.2006 an Ms Barbara Weisel, Assistant
U.S. Trade Repräsentative, http://www.ustr.gov/assets/-
World_Regions/Southeast_Asia_Pacific/Singapore/Singa-
pore_FTA_Rules_of_Origin_Comments/asset_upload_-
file62_9886.pdf).

Die europäische Chemielobby hat hier wesentlich besser gearbeitet. Entsprechend werden nach Deutschland - wie bereits nachgewiesen - lediglich 2% Polycarbonate aus Nicht-EU Staaten importiert.

Der EU Schutzzoll für Polycarbonate macht seinem Namen also alle Ehre.

Externe soziale Kosten

Ist die CO-Pipeline tatsächlich so billig? 50 Mio. EUR sollte BMS tendenziell aus der Portokasse zahlen, über zwei, bald drei Baujahre verteilt macht das 17 Mio. pro Jahr... bei einem BMS Jahresumsatz von über 10 Mrd. EUR!

Doch was ist mit Kosten wie

- Abschreibungen auf das Eigentum entlang der Trasse?

- Einnahmeverluste bei Vermietung und Verpachtung?

- Kosten für die "Gefahrenabwehr"?

- Rücklagen für mögliche Unfälle?

- steigende Krankheitskosten zur Behandlung Stress bedingter Leiden?

Gutachten-Prof. Dr. Karl meint dazu:

"Der Betrieb von Produktionsanlagen kann zudem mit Risiken und Schäden im Zuge von Unfällen verbunden sein, die sich nicht allein auf den Anlagenbetreiber, sondern auch auf (unternehmensexterne) Dritte erstreckt...",

doch in diesem speziellen Falle ist offenbar alles ganz anders:

"Durch die Anwendung und Einhaltung der Anforderungen des technischen Regelwerkes zum Rohrfernleitungsbau sowie weiteren sicherheitstechnischen Einrichtungen ist davon auszugehen, dass mit an Sicherheit grenzender Wahrscheinlichkeit Schäden für Dritte und damit soziale Kosten ausgeschlossen werden können" (Gutachten-Prof. Dr. Karl, S. 45).

Warum schreibt ein Professor für Wirtschaftswissenschaften so etwas in ein Gutachten? Hat der Auftraggeber ihm eine Untersuchung in diese Richtung untersagt? Steht er BMS noch näher als bereits vermutet?

Wir versuchen diesen Mangel zu beheben und zumindest zwei der externen Kostenpositionen, von denen BMS offensichtlich glaubt, nichts damit zu tun zu haben, näher zu betrachten und zu quantifizieren:

Einmal sprechen wir über die Wertverluste der Liegenschaften entlang der CO-Pipelinetrasse und zum anderen versuchen wir eine Abschätzung der Kosten einer Havarie und deren kurz-, mittel- und langfristigen Auswirkungen.

Private Abschreibungen auf Haus und Grund

"Haus und Grund" in Duisburg meint, die Grundstücke entlang der CO-Pipeline seinen nichts mehr wert. Sie hätten nur noch die Qualität eines Industriegeländes.

Allein im Neubaugebiet "Neuer Angerbogen" in Duisburg-Süd bezifferte sich ein solcher Totalverlust auf mindestens 20 Mio. EUR – wenn nur die bisher verkauften Baugrundstücke berücksichtigt werden - das entspricht ca. 250 EUR/qm. Einschließlich der hochwertigen Bebauung hätten die Familien hier in den letzten zwei Jahren schätzungsweise 60 Mio. EUR in den Acker gesetzt.

Auf einer Gesamtlänge der CO-Pipeline von 67 km summiert sich der Gefährdungskorridor - bei mal angenommenen 500 m zu beiden Seiten der Pipeline - auf ca. 70 Mio. qm. Konservativ gerechnet, nur mal einen durchschnittlichen Wertverlust von 10 EUR/ qm angenommen, kommt man auf einen volkswirtschaftlichen Schaden von 700 Mio. EUR für die Anlieger.

Kurzfristige externe soziale Kosten einer Havarie

Wir haben in den letzten Monaten immer wieder erlebt, wie andere Pipelines, auch solche, die die Chemparks der Bayer AG in NRW versorgen, havarierten: z.B. in Köln Pesch, wo eine sogar 4 Meter tief liegende Sauerstoffpipeline aufgerissen wurde.

Die Wahrscheinlichkeiten eines solchen Ereignisses sind weltweit gesehen angeblich sehr gering.

Doch hier im Rheinland, vor allem im Dunstkreis der Chemparks, kommt es zu einer dramatischen Verdichtung dieser Pipelinesysteme. Hier laufen sie aus allen Himmelsrichtungen zusammen. Hier ist die Wahrscheinlichkeit ungleich höher, dass es zu einem Zwischenfall kommt. Zumal auch andere Verdichtungen vorliegen: Straßennetze, Werks- und Wohnbebauungen, Luftverkehr, Wasserstraßen... Es ist sicher nicht sicherer, wenn ganze Pipelinebündel mit Eröl, Erdgas, Sauerstoff, Wasserstoff und jetzt auch noch wie geplant mit todbringendem Kohlenmonoxid, kilometerlang neben Autobahnen, unter Autobahnen, Landstraßen und Flüsse hindurch geführt werden, durch Siedlungen mit hunderttausenden von Anwohnern. Hier, wo tagtäglich rumgebuddelt und gebohrt wird – es ist halt immer was zu tun.

Die Wahrscheinlichkeit eines Zwischenfalls wächst mit jedem Kreuzungspunkt, mit jeder Verdichtung, da helfen die "guten" Statistiken von Pipelines durch die russische Taiga oder arabische Wüsten wohl kaum. Alleine im Duisburger Süden sind im Tassenverlauf der CO-Pipeline 50 solcher Stellen identifiziert, die es so in keiner Wildnis gibt, durch die die statistisch so sicheren Pipelines laufen. Und, die meisten transportieren "nur" Erdöl oder Erdgas. Und nicht etwa Kohlenmonoxid!

Es ist also nur plausibel, das Gutachten des Gutachten-Prof. Dr. Karl in diesem Punkte wie folgt zu ergänzen:

Mit der Schädigung externen Dritter ist zu immer zu rechnen.

Die Quantifizierung der Kosten im Falle einer Havarie der CO-Giftgaspipeline kann plausibel folgendermaßen vorgenommen werden:

Hierzu greifen wir auf eine Studie der Bundesanstalt für Straßenwesen (BaSt) über die "Volkswirtschaftlichen Kosten durch Straßenunfälle in Deutschland" zurück (http://www.bast.de/nn_42718/DE/Publikationen/Infos/2001-2000/12-2000).

Zunächst aktualisieren wir die dort verwendeten Daten aus dem Jahr 1998, um die möglichen volkswirtschaftlichen Kosten einer Havarie der CO-Pipeline einmal modellhaft zu quantifizieren:

eine jährliche Kostensteigerung von ca. 4% unterstellt (z.B. OECD, Weltbank, UN), wäre heute in 2009 - konservativ plausibel - mit folgenden pro Kopf Kosten zu rechnen:

ein Toter:	1,82 Millionen Euro
ein Schwerverletzter:	125 Tausend Euro
ein Leichtverletzter:	5.700 Euro

Zitat BaSt:

"Bei der Berechnung der volkswirtschaftlichen Kosten durch Straßenverkehrsunfälle werden alle Unfallfolgen berücksichtigt, die zu Kosten führen: Reproduktionskosten werden aufgewendet, um durch den Einsatz medizinischer, handwerklicher, juristischer, verwaltungstechnischer und anderer Maßnahmen eine äquivalente Situation wie vor dem Verkehrsunfall herzustellen. Ressourcenausfallkosten erfassen die Minderungen an wirtschaftlicher Wertschöpfung, die dadurch entstehen, dass die durch Unfall verletzten oder getöteten Personen nicht mehr in der Lage sind, am Produktionsprozess teilzunehmen. Dadurch wird das Sozialprodukt verringert. Bei Straßenverkehrsunfällen werden ferner Fahrzeuge beschädigt oder vernichtet. Diese Fahrzeuge stellen Sachkapital dar. Durch die unfallbedingten Beschädigungen steht dieses Sachkapital im Produktionsprozess zeitlich begrenzt oder dauerhaft nicht mehr zur Verfügung. Hierdurch entstehen ebenfalls volkswirtschaftliche Wertschöpfungsverluste. Durch Straßenverkehrsunfälle entstehen zudem auch Verluste außerhalb der marktmäßigen Wertschöpfung (Wertschöpfung in Hausarbeit und Schattenwirtschaft). Zur Berechnung aller volkswirtschaftlichen Unfallkosten sind auch diese außermarktlichen Verluste zu erfassen.

Humanitäre Kosten sind Folgen von Personenschäden, die mittelbar zu Ressourcenverlusten führen. Humanitäre Unfallfolgen ohne Ressourcenverluste werden in der Unfallkostenrechnung nicht berücksichtigt. Leid und Trauer in Folge eines Unfallereignisses werden hier nicht bewertet" (http://www.bast.de/nn_42718/DE/Publikationen/Infos/-2001-2000/12-2000).

Im Weiteren sollen potentielle Opfer in ihrem Bruttowertschöpfungsbeitrag genau so in Ansatz gebracht werden, wie Gutachten-Prof. Dr. Karl es auch für einen sozialversicherungspflichtigen Arbeitsplatz am Standort Uerdingen annimmt: also mit 60.000 Euro.

Entsprechend kann man Kosten für Tote und Verletzte auch wie folgt darstellen:

ein Toter entspricht 30 Arbeitsplätzen

ein Schwerverletzter entspricht 2 Arbeitsplätzen

ein Leichtverletzter geht mit ca. 0,1 Arbeitsplatz in die Rechnung ein

Jetzt fehlt noch ein plausibles Unfallszenario an der CO-

Pipeline: das hatten wir ja schon, ein Bohrer trifft auf der Suche nach einem Kanal die CO-Pipeline, so wie bei der Sauerstoffleitung in Köln Pesch letzten Sommer...

Es kommt zu einem folgenschweren Zwischenfall, der in Anlehnung an das ICE Unglück von Eschede (was die Verteilung auf die Opfergruppen angeht) nach Abschluss der Bergungsarbeiten, folgende Bilanz ausweist:

34 Tote
30 Schwerverletzte
36 Leichtverletzte

oder in Arbeitsplätzen à 60.000 Euro Bruttowertschöpfung ausgedrückt:

$34 \cdot 30 + 30 \cdot 2 + 36 \cdot 0,1 = 1.084$ Arbeitsplätze oder 65 Millionen EUR Bruttowertschöpfungsäquivalente.

Das waren jetzt insgesamt "nur" 100 Opfer. Stellt man das Gefahrenpotential einer CO-Giftgaspipeline in Rechnung handelt es sich hier tendenziell eher um einen kleinen "Zwischenfall":

Bei 1.000 Opfern, die gleiche Opferverteilung unterstellt, wären es schon 10.840 Arbeitsplätze, die eine Bruttowertschöpfung von 650 Millionen EUR repräsentierten usw.

Mittel- und langfristige volkswirtschaftliche Kosten einer Havarie

Mit einiger Sicherheit ist anzunehmen, dass die Havarie einer CO-Pipeline gesellschaftlich anders gewertet würde als die Explosion einer Gas- oder Ölpipeline mit ebenfalls verheerenden Folgen.

Werden letztere wahrscheinlich wieder ans Netz gehen müssen, mit dem richtigen oder falschen Hinweis auf die

Versorgungssicherheit unserer Energiezufuhren, dürfte das bei der CO-Pipeline problematischer sein.

Und was, wenn die CO-Pipeline dann wochen-, monatelang ausfällt? Wenn die alte Kohlevergasungsanlage von 1961 dann zwischenzeitlich vielleicht schon längst verschrottet wurde?

Es kann angezweifelt werden, dass BMS das lange durchsteht, durchstehen kann. Das Eigenkapitalpolster des Mutterkonzerns ist z.Zt wenigstens nicht allzu üppig. Wie es um die Bayer AG steht, wurde im November 2008 von der Financial Times Deutschland beleuchtet (Die nächste Bilanzbombe tickt, 18.11.2008, http://www.ftd.de/boersen_-maerkte/aktien/marktberichte/440246.html).

100% Ausfall bei der kompletten Kunststoffproduktion in Krefeld-Uerdingen – wie sähe ein solches Szenario aus? Was sagte wohl Gutachten-Prof. Dr. Karl dazu, sollte er eine Abwärtsspirale, initiiert durch eine Havarie der CO-Giftgaspipeline mit signifikanten negativen volkswirtschaftlichen Konsequenzen begutachten?

"Potentiell ist durch die Initiierung einer Abwärtsspirale die gesamte Wertschöpfung am Standort Krefeld-Uerdingen bedroht" schreibt Gutachten-Prof. Dr. Karl, und "stellt langfristig die gesamte Wertschöpfung von rund 4,2 Mrd. EUR in Frage. Darüber hinaus wird der gesamte Chemiecluster in NRW negativ beeinflusst" (Gutachten-Prof. Dr. Karl, S. 92).

Diese "4,2 Mrd. EUR" müssten lediglich kreativ potenziert werden, denn diese Zahl bezieht sich lediglich auf die angedrohte Rücknahme der Polycarbonate Produktion um 30% - gemessen am Status Quo.

Peter Hausmann, Vertreter der IGBCE (Landesbezirk Nordrhein) und Chemie Lobbyist könnte auf makabre Weise Recht behalten mit seiner Aussage (s.o.):

"Aus unserer Sicht sind davon 150.000 Arbeitsplätze betroffen." (Ausschussprotokoll 14/509, S. 15-16).

4.3.3 Zusammenfassung

Die Drohung einer Verlagerung von 30% der Polycarbonateproduktion ins Ausland ist völlig aus der Luft gegriffen und entpuppt sich beim Studium der amtlichen Statistiken als Kanonenbootpolitik der Chemielobbyisten.

Im Gegenteil, die Daten legen nahe, dass BMS in einem geschützten EU Binnenmarkt in Deutschland und der Europäischen Union zumindest in Teilbereichen des Kunststoffmarktes, zu denen auch die Polycarbonate zählen, eine monopolartige Marktstellung einnimmt. Das ist hier weiter nicht zu bewerten, zeigt aber, dass die Kostenrechnung der BMS nicht den Gesetzen eines freien Marktes folgt.

Auch kann BMS als Mitglied der großen Chemiefamilie mit ihrer beinharten Lobbypolitik sicher sein, dass mit einem Zuzug von Konkurrenten nicht zu rechnen ist. Entsprechend sollte man sich in Gesellschaft und Politik Gedanken machen, mit welchem "Partner" man es bei dieser Firma zu tun hat: einem der weltweit größten Kunststoffproduzenten, einem lokalen Monopolisten, der sich die Weltmärkte mit seinen sog. Konkurrenten aufgeteilt hat.

Die Märkte des Unternehmens, zumindest in der Europäischen Union, sind, wie gezeigt, durch hohe Transportkosten der Konkurrenz und Schutzzölle wirksam gesichert. Der deutsche Markt nimmt die komplette Binnenproduktion an Polycarbonaten ab und Importe aus dem Nicht-EU Raum bewegen sich im Bereich des statistischen Rauschens.

Die Berücksichtigung externer sozialer Kosten einer CO-Pipeline zeigt die ganze perverse Dimension dieses Projektes auf: Die wichtigsten Daten noch einmal kurz zusammengefasst:

Kurzfristige Effekte:

+	Sofortabschreibung an Grundstücken entlang der Trasse:	750 Mio. EUR
+	Rücklagen zur Regulierung "Volkswirtschaftlicher Kosten eines mittelschweren Unfalls mit der CO-Giftgasleitung mit bis zu 100 Opfern":	65 Mio. EUR
+	Verbesserung der Ausrüstung von Feuerwehren und Krankenhäuser:	?
=	Summe:	815 Mio. EUR

Mit einer Investitionssumme von 50 Mio. EUR, sichert sich BMS den Betrieb einer CO-Pipeline, die zu kurzfristigen volkswirtschaftliche Kosten von rund 800 Mio. EUR führt.

Oder anders gesagt: Für jeden selbst investierten EUR bekäme BMS 16 EUR von den Bürgern in NRW geschenkt! Nicht gleich verteilt, sondern alleine von denen, denen das Risiko fürderhin in unmittelbarer Nähe zur CO-Trasse leben zu sollen, aufoktroyiert werden soll.

Ein Investitionskostenzuschuss von 1.500%, kostenlos. Na wenn das man kein gutes Geschäft ist, wenn es nur nicht eines Tages nach hinten los geht:

Wir schließen uns hier Herrn Hausmann von der IGBCE an: auch aus unserer Sicht werden 150.000 Arbeitsplätze in der Chemischen Industrie bedroht. Nicht etwa durch den Verzicht auf die CO-Pipeline, sondern durch ihren Bau und ihre Inbetriebnahme.

5 Die Lösung

Anzeichen für Überproduktionen, Konkurrenz- und Kostendruck, wie sie Gutachten-Prof. Dr. Karl nachweisen zu können glaubt, sind weit und breit nicht erkennbar.

Im Gegenteil, BMS kontrolliert das Marktgeschehen in einem geschützten EU Binnenmarkt und ganz nebenbei offensichtlich auch die politische Meinungsbildung: keine öffentlich geäußerte Drohung durch BMS und die Chemie Lobby, kein Gutachten-Prof. Dr. Karl, kein Modell des Nobelpreisträgers Paul Krugman, mit denen der Düsseldorfer Landtag zur Verabschiedung des RohrlG "überzeugt" wurde - richtiger: ex post endlich die richtigen Argumente liefern soll - kann einen irgendwie gearteten volkswirtschaftlichen Nutzen nachweisen.

Im Gegenteil: die hier präsentierten Daten und Berechnungen entlarven eine Unternehmenspolitik, die auf Kosten externer Dritter versucht, die Renditen seiner Eigentümer nach oben zu treiben. Es ist nicht schwer zu verstehen: wenn Banken in der Vergangenheit 25-50% Rendite offenbar durchaus realisieren konnten, musste dieser Virus früher oder später auf die Industrie überspringen. Die Finanzkrise hat die Banken sehr schmerzhaft für ihre Geschäftsmodelle abgestraft und noch schlimmer, die gesamte Weltwirtschaft an den Rand einer Depression gebracht. Doch wer stoppt die CO-Pipeline, wer zeigt BMS, dass das Leben und damit auch die Rendite manchmal langweilig sein muss, um nicht verheerende Fehlentscheidungen offenbar zu gieriger Wirtschaftseliten zu provozieren?

Die CO-Pipeline gefährdet nicht nur das Leben und die Gesundheit der Menschen im Trassenbereich, sondern den Standort der Kunststoffindustrie in NRW insgesamt. Auch BMS wird eine Havarie an der CO-Pipeline mit einiger Sicherheit nicht überleben. Vielleicht ebenso wie die gesamte Kunststoffsparte in NRW.

Die Politik sollte umgehend das RohrlG aufheben, da die Geschäftsgrundlage einer CO-Pipeline für das Wohl der Allgemeinheit nicht gegeben ist, sonst ist das Wohl der Allgemeinheit tatsächlich in akuter Gefahr.

Die beste Lösung für Alle, auch für BMS, ist natürlich langweilig, aber sie gefährdet weder Menschenleben, noch Arbeitsplätze, noch BMS, noch den Chemiestandort NRW. Betrachten wir hierzu einfach noch einmal das Modell von Paul Krugman:

Bringt man alle Kosten - wie oben dargestellt und andere hier nicht weiter quantifizierte - für den Pipelinetransport von CO in Anrechnung, also

- Abschreibungen auf das Eigentum entlang der Trasse,

- Einnahmeverluste bei Vermietung und Verpachtung,

- Kosten für die "Gefahrenabwehr",

- Rücklagen für mögliche Unfälle,

- steigende Krankheitskosten zur Behandlung Stress bedingter Leiden,

ergibt das folgende nach oben offene und daher vorläufige Rechnung:

Private und "volkswirtschaftliche" Investitionen:

−	Kosten für die CO-Pipeline:	50 Mio. EUR
−	Kosten der privaten Abschreibungen auf Haus und Grund:	750 Mio. EUR
−	Rücklagen einer 100 Opfer Havarie	65 Mio. EUR

Privater Vorteil für BMS:

+	CO-Pipelinegewinne pro Jahr:	6 Mio. EUR
=	Maximale Rendite des Investments:	0,7 Prozent

Gibt es eine plausiblere Schlussfolgerung, und da sind wir uns auch einig mit Gutachten-Prof. Dr. Karl:

Sind die Transportkosten zu hoch, wird da produziert, wo das Produkt gebraucht wird.

Was spricht eigentlich betriebswirtschaftlich dagegen?

−	Kosten für zwei Steam-Reformer in Krefeld-Uerdingen:	160 Mio. EUR
+	150 Beschäftigte weniger spart pro Jahr:	7 Mio. EUR
+	Privater Vorteil einer CO-Pipeline für BMS pro Jahr:	6 Mio. EUR
=	Amortisationsdauer dieses Alternativinvestments:	12 Jahre
=	BMS Rendite:	8 Prozent

Ein im Geschäftsleben doch völlig normaler Zeitrahmen und eine völlig akzeptable Rendite.

Zur Erinnerung, der aktuelle Plan der BMS AG:

−	Kosten der CO-Pipeline:	50 Mio. EUR
−	"volkswirtschaftliche" Kosten von 865 Mio. EUR sozialisiert:	0 EUR
+	150 Beschäftigte weniger spart pro Jahr:	7 Mio. EUR
+	Privater Vorteil einer CO-Pipeline für BMS pro Jahr:	6 Mio. EUR
=	Amortisationsdauer dieses Investments:	keine 4 Jahre
=	Rendite für BMS:	26 Prozent!

Wie kann zum Wohle und auf Kosten der Allgemeinheit NRWs ein Renditeaufschlag von 18 Prozent gerechtfertig sein?

Unsere drängende Frage also an die Landtagsabgeordneten und die Landesregierung in Düsseldorf:

War es die Intention des RohrlG einem privaten Unternehmen Renditen von 26 Prozent zu garantieren?

Ist es in Ordnung, den BürgerInnen NRWs hierfür 865 Mio. EUR in Rechung zu stellen?

Oder: wie hoch dürfen die Transportkosten denn sein? Ist es nicht tatsächlich in jedem Falle so, das dem Wohl der Allgemeinheit alleine dadurch gedient ist, wenn CO dort produziert wird, wo es gebraucht wird?

6 Abspann

Ganz theoretisch kann sich ein Unternehmen wie BMS natürlich sonst wo niederlassen: wo es dem Eigentümer oder vielleicht auch dem Vorstand gut gefällt oder wo die Bodenpreise besonders günstig sind, keine Steuern anfallen, die Subventionen besonders üppig fließen (s. Nokia), Schutzzölle wirksam Konkurrenz draußen halten, oder die Bevölkerung z.B. ganz jeck auf CO-Pipelines ist, weil ihr ihre Priester gesagt haben, dass sie das unbesiegbar mache.

Aber die Sache muss letztendlich rentabel sein. Industrielandschaften wie NRW haben die tolle Eigenschaft, diese Rentabilität quasi frei Haus zu liefern.

Solche Kraftzentren kann man sogar vom Weltraum aus sehen: Paul Krugman empfiehl, sich mal Nachtaufnahmen von Satelliten anzuschauen. Da sieht man sie leuchten...

BMS kann nicht à la Nokia schnell mal über die "Dörfer" ziehen und Subventionen abgreifen, sondern muss sein Kunststoffgranulat dort produzieren, wo die Märkte für solche Produkte sind. In unserem Fall mittendrin in NRW.

NRW ist eben bestens positioniert: mit seinem Bruttoinlandsprodukt von 500 Mrd. EUR läge es als eigenständiger Staat auf Platz 16 der Weltrangliste. Hier sind die Wege zu den Zulieferern und Kunden kurz und prima ausgebaut, das erspart Transportkosten. Hier finden sich ausgebildete Fachleute in ausreichender Zahl, das minimiert Produktionsausfälle.

Hier gibt es mit die weltbeste Infrastruktur, Schulen und Hochschulen, ein lebendiges Kulturleben, Fußballstadien, innere und äußere Sicherheit nicht zu vergessen, hier lässt es sich gut forschen und entwickeln. Und nicht zuletzt: hier findet auch der Vorstand von BMS und der der Konzernmutter Bayer einen attraktiven Lebensraum, in dem seine Familien gut und gerne leben, wo er seinen Hobbys - z.B. Bundesligaspiele anschauen - nach Lust und Laune nachgehen kann.

Die Kunststofftochter des Bayer Konzern, die BMS AG, profitiert also ganz nachhaltig vom Wirtschaftsraum NRW. Wie gezeigt wird die gesamte Produktion auch im Binnenmarkt verbraucht. Eine Verlagerung der Produktion in ein "besseres" Ausland würde Millionen kosten und das jetzige Quasimonopol sofort beenden. Der bisherige Standortvorteil, mitten im Kreise seiner Kunden produzieren zu können, wäre erledigt. BMS auch!

Und die Konkurrenz schaut dabei untätig zu? DOW-Chemical, Sabic... ob die sich die Chance den BMS Kunststoffmarkt in NRW zu übernehmen entgehen ließen? Ein netter Platz für eine moderne Kunststoffproduktion wäre sicher kein Problem. Willkommen in NRW!

7 Informationen und Kontakte im Internet

Bürgerinitiativen gegen die Pipeline:
`http://www.stopp-co-pipeline.de`

Bürgerinitiative COntra-Pipeline Duisburg-Süd
`http://www.contra-pipeline.de`

Bürgerinitiative MUT e.V.
`http://www.muthilden.de`

Verein "Interessengemeinschaft Erkrath" (IG Erkrath)
`http://www.ig-erkrath.de`

Blog des Autors
`http://co-pipeline.blogspot.com`